Günter Stach

Taubenzucht

Günter Stach

Taubenzucht

Ratgeber für die Praxis

2., aktualisierte Auflage

Oertel+Spörer

Bildnachweis
Titelbild: Dr. Uwe Oehm
Innenteilbilder:
Max Holdenried: S. 12, 17
Jakob Relovsky: S. 19
Alle anderen Fotos vom Autor

Haftungsausschluss
Die Hinweise in diesem Buch wurden vom Autor sorgfältig recherchiert und geprüft. Es können jedoch keinerlei Garantien übernommen werden. Eine Haftung des Autors, des Verlags und seiner Beauftragten für Personen-, Sach- und Vermögensschäden ist ausgeschlossen.

Bibliografische Information der Deutschen Nationalbibliothek
Die Deutsche Nationalbibliothek verzeichnet diese Publikation in der Deutschen Nationalbibliografie; detaillierte bibliografische Daten sind im Internet über http://dnb.d-nb.de abrufbar.

Postfach 16 42 · 72706 Reutlingen

2., aktualisierte Auflage
Lektorat: Dr. Gabriele Lehari
DTP und Repro: Oertel+Spörer Verlags-GmbH + Co. KG, Reutlingen
Druck und Bindung: Oertel+Spörer Druck und Medien GmbH + Co., Riederich
Printed in Germany
ISBN 978-3-88627-635-6

Inhalt

Vorwort

An guten Taubenbüchern hat es in Deutschland nie gemangelt. Nach Autor und Titel sind alle, die jemals gedruckt worden sind, in der Bibliografie „Deutschsprachige Haustaubenliteratur“ festgeschrieben. Von Christian Reichenbach und Erich Müller initiiert und für die Nachwelt lückenlos aufbereitet, ist somit ein illustriertes Zeugnis dieser bibliophilen, nicht aufzuhaltenden Dynamik entstanden, wie es in parallelen Interessengefügen kaum wiederzufinden ist. Beide waren mit der Rassetaubenzucht lebenslang verbunden und haben sowohl auf der literarischen als auch züchterischen und organisatorischen Seite ihre eigene Geschichte geschrieben. Ihre Kreativität ist bewundernswert; impulsgebend waren sie nach dem letzten Weltkrieg am Aufschwung der am Boden liegenden Rassetaubenzucht maßgeblich beteiligt. Zusammen mit kooperierenden Freunden sind sie es gewesen, denen stets an einem geistig hohen Niveau in der Rassetaubenszene gelegen war. Während der vielen Jahre, die wir miteinander unsere Freizeit verbrachten, möchte ich nicht den Bruchteil einer Sekunde missen.

Erleben, Mitgestalten und Berichten sind Eigenschaften, die mich als ausgesprochenen Familienmenschen – sofern es die verbliebene Zeit zulässt – in meinem „Taubenleben“ noch immer motivieren, aktiv teilzunehmen. Mit internationaler Reichweite, umgeben von Gleichgesinnten in einer mit Flair und Fluidum geschwängerten Atmosphäre, fehlt es nicht an Inspiration, mich betätigend einzubringen.

Theorie und Praxis in der Rassetaubenzucht auf einen Nenner zu bringen, die praktische Zuchtarbeit auf vernünftiger Basis festigend zu vermitteln, ist mir ein Anliegen. An den textlichen Ausflügen über die Taube in der Wissenschaft ist mir besonders gelegen. Dem Slogan „Wer nichts weiß, muss alles glauben“ entgegnend soll dem Rassetaubenzüchter von heute nichts fremd sein. Wie will er sich gegenüber seinen Mitmenschen rechtfertigen, wenn ihm die Argumente dafür fehlen, seinen Hang zur Leidenschaft überzeugend plausibel zu machen? Nur wenn Rassetaubenzucht in der Öffentlichkeit pure Neugier auslöst, wird diese Passion in einer Weise gebührende Anerkennung finden, wie sie einst nur dem Hochadel vorbehalten war.

Nach meiner, neben der Beteiligung von weiteren 36 Fachautoren an der Herausgabe der sechsbändigen Buchreihe „Alles über Rassetauben“, eingebrachten Mitarbeit schien die Zeit gekommen, dem Verlagshaus Oertel+Spörer in Reutlingen vorzuschlagen, den Sektor Taubenzucht in der schon reichhaltigen Angebotspalette des hausinternen Buchmarktes jetzt mit einem praktischen Ratgeber zu bereichern.

Basierend auf eigenen jahrzehntelangen Erfahrungen sowie meinen Besuchen bei etwa einhundert erfolgreichen Rassetaubenzüchtern zum Erstellen von Züchterporträts zur Veröffentlichung in der „Geflügelzeitung" wurden fundierte Erkenntnisse aus Züchterwerkstätten zusammengetragen, um damit einen interessanten Buchtitel zu füllen. Dabei ist eine weitreichende aus dem Zuchtalltag entnommene Themenfülle zusammengekommen.

Die Taubenhaltung ist eine schöne, vom mühevollen Arbeitstag ablenkende Freizeitbeschäftigung. Die Rassetaubenzucht hingegen ist ein zeitintensives, noch dazu intelligentes Unterfangen und keine für jedermann geeignete dilettantische Spielerei.

Detailliert auf die Themen Schlag- und Volierenbau, Fütterung, Gesundheitsvorsorge sowie Vererbung einzugehen, hätte den Rahmen dieses Buches gesprengt. Weil von kompetenten Autoren in diesem Verlag darüber ein spezielles Angebot an Büchern vorliegt, konnte diese Thematik vernachlässigt werden.

Für die Bereitschaft, diese Edition in diesem Umfang und der so beeindruckenden Gestaltung entstehen zu lassen, bedanke ich mich bei Frau Dr. Gabriele Lehari sowie bei meinem Freund Dr. Uwe Oehm für die guten Anregungen, die aus den vielen Jahren der Zusammenarbeit resultieren, und die Bereitstellung des schönen Titelfotos, den Kunstmalern Max Holdenried und Jakob Relovsky für die Überlassung speziell angefertigter Bilddokumente wie auch Stipo Huljic für das bei mir vorübergehende Deponieren von etlichen Zuchtpaaren Broder Purzlern. Last but not least sei für die unendlich scheinende Mühe meinem Bruder Joachim gedankt, der an mathematischen Grundsätzen orientiert geduldig versuchte, mich mit fernmündlichen Lehrunterweisungen in seine von ihm beherrschten Welt der Computerwissenschaft zu führen, gewissenhaft die PC-fertige Bearbeitung des Manuskriptes übernahm sowie in einigen Fällen auch die grafische Gestaltung formte.

Wenn irgendwelche Probleme in der Taubenhaltung auftreten, deren Ursachenfindung es bedarf, oder gar züchterisches Lancieren gefragt ist, möge dieser Ratgeber den Lesern eine praxisbezogene Hilfe und ein unterhaltsamer Begleiter sein.

Weil aufgrund des Verkaufserfolges eine Nachauflage dieses Titels anstand, bot sich die Gelegenheit, an einigen Stellen neue Erfahrungen einzubringen. Mögen diese Erkenntnisse die Leser bereichern.

Schömberg-Langenbrand im März 2018

Felsentauben – der Ahn aller Taubenrassen – im Vergleich zu einem züchterischen Kulturerbe, einer Sächsischen Flügeltaube.

Einführung

Zu den Tauben bin ich gekommen wie jeder meiner Gefährten, „der als Taubenzüchter geboren worden ist" – ein Resümee, das Edmund Zurth (1890 bis 1976), ein begnadeter, in Magdeburg zur Welt gekommener Taubenzüchter festgeschrieben hat. Die prägende Feststellung eines Kenners der Szene wird von einer zur anderen Generation weitergegeben. Die hervorragende Begabung dieses erfahrenen Insiders bestand darin, sich als ausgezeichneter Fachschriftsteller in der Taubengilde mit allen seinen Büchern unvergessen zu machen. Bis zu seinem Tod gehörte er zu den Eliteautoren der Fachpresse seiner Zeit; noch heute gilt er als der Philosoph der Taubenliteratur. Die meisten seiner Bücher, darunter der in drei Auflagen verlegte Titel „Die Welt der Tauben", sind auch im Verlag Oertel+Spörer erschienen.

Die einst als besonnen wahrgenommene Welt der Tauben ist für die, die heute in ihr leben, eine andere geworden. Früher standen bei den Rassetaubenzüchtern vorrangig die Historie der Rassen sowie das züchterische Vorankommen aller ihrer ausgeprägten Rassemerkmale im Mittelpunkt. Heute ist es eher das zeitgemäße Spektakel um Wettbewerbe, um dort im Gleichklang des Zuchtfortschrittes mit populären Titelgewinnen nachhaltig Aufsehen zu erregen. Errungene Meisterschaften, die mit Urkunden und Trophäen belohnt werden, sind Ansporn, verleiten aber auch zu Individualismus, wenn der Ehrgeiz die Zucht von Rassetauben mit einhergehender Sorgfaltsübertreibung bei den Mitkonkurrenten Anlass zu mehr oder weniger berechtigten Kritikäußerungen gibt.

Die Überlegenheit der Spezialisten führt sie zum sicheren Erfolg. Bei der Suche nach Methoden sind dem Ideenreichtum zwar keine Grenzen gesetzt, dennoch sollte den Taubenliebhabern bei allem Streben, das Zuchtziel zu erreichen, die tiefsinnige Liebe zu den Tauben nicht verloren gehen. Es liegt an den Vorbildern, sie zu bewahren.

*Felsentauben (*Columba livia palestinae*) auf dem Felsmassiv von Massada in der Wüste Negev.*

Die Felsentaube – Vorfahre unserer Taubenrassen

Dass sich die Felsentauben (*Columba livia*) über drei Kontinente hinweg ausbreiten konnten, verdanken sie ihrer gewagten Anpassungsfähigkeit. Dank ihres Flugvermögens und der Fluggewandtheit überwinden sie offensichtlich jedes sich in den Weg stellende Hindernis. Ihre Orientierungsfähigkeit lässt sie in ihrem Lebensraum zum Zweck der Nahrungsaufnahme erstaunliche Reichweiten ergründen. Widerstandsfähigkeit, Wachsamkeit und das Talent, lokal an unglaublichen Stellen außergewöhnliche Niststätten zu nutzen, zeichnen sie aus. In den öden Sandwüsten nisten sie sogar unterirdisch: vor Fressfeinden sicher in strukturierten, tiefen Schächten mit am Boden zu den Oasen führenden Wasserrinnen. Ihren Widersachern – dazu gehört schließlich auch der Mensch – machen sie es schwer, sie aufzuhalten. Wo sie genügend Futter finden, siedeln sie sich an und pflanzen sich fort.

Die Felsentaube mit 14 Unterarten ist im Süden Europas und Asiens weit verbreitet. Ein inselartiges isoliertes Vorkommen ist auch im Norden Europas zu registrieren. Das Verbreitungsgebiet erstreckt sich im Norden über Irland, die Hebriden, Schottland und die Färöer-, Orkney- und Shetlandinseln. Im Süden bewohnt sie überwiegend zerklüftete Steilküsten rund um das Mittelmeer. Weiterhin ist sie in Osteuropa und Westasien, Arabien, Indien und Sri Lanka, ostwärts bis Turkestan und nördlich des Äquators auch in Afrika zu finden.

Felsentauben bewohnen Felshänge, Felsschluchten mit Unterschlupfgelegenheiten und große Grottengebilde, in denen sie in Kolonien zu Hunderten und Tausenden eine Bleibe haben und sich vermehren. Dort, wo sie in den Grenzgebieten überschneidend dichter zusammenleben, sind Unterartvermischungen nicht auszuschließen. Nicht selten gehen sie Ehen mit domestizierten Individuen ein, weshalb es gerechtfertigt scheint, gegenüber solchen als artenrein angebotenen Felsentauben misstrauisch zu sein.

Die Tiere sind weitestgehend gleich gefärbt. Ein auffallendes Merkmal reinblütiger Felsentauben sind die relativ kleinen Nasenwarzen. Geringere Abweichungen gbit es nur in der Größe und durch das weiße bzw. durchgefärbte Rückengefieder.

Vom Verhalten der Felsentaube

Jedes Rassetauben-Individuum, dem wir begegnen, hat die gleichen Stammeltern, auch wenn es aus einem Sammelsurium der unterschiedlichsten Rassen gezogen worden ist. Die Anlagen für Größe, Gewicht, Körperform, Federfarben und -strukturen, aber auch Flugeigenschaften kommen ursprünglich aus einer Keimzelle. Darüber herrscht in den Wissenschaften völlige Einigkeit. Vor allem ist es die Vielzahl der uns immer wieder verblüffenden Farbkombinationen bei den Rassen, über die mittlerweile genetische Erkenntnisse vorliegen. Das Literaturspektrum geizt nicht mit einer Auswahl an Fachbüchern von anerkannten Autoren, weshalb es unnötig erscheint, hier näher darauf einzugehen.

Was allerdings das Verhalten der Tauben betrifft – Darwin schreibt von Manieren, spätere Autoren von Benehmen, Gebaren, Gebärden – und insbesondere, wie sie innerhalb ihrer Population miteinander umgehen, sich fortpflanzen und ihre Nachkommen aufziehen, lässt bei manchem Rassetaubenzüchter gewisse Unsicherheiten aufkommen. Daher wird im Folgenden auf die interessanten Lebensabläufe der Tauben eingegangen.

Wer ihnen passioniert zugeneigt ist und sich mit Tauben beschäftigt, wird im Laufe der Zeit mit rätselhaften Verhaltensauffälligkeiten konfrontiert. Und er wird sich fragen, was die Gründe dafür sind. Vielleicht kommt er aber auch zu dem Ergebnis: Es scheint in der Natur der Sache zu liegen und daran lässt sich eben nichts ändern.

Schon die Wildheit dieser Vögel fasziniert. Die Haltung von Felsentauben – ob in der Voliere untergebracht oder im Freiflug – ist sehr spannend. Nur wer sie eigenhändig gepflegt hat, wird ermessen können, dass sich die Haustaube von ihren Ahnen in vielerlei Hinsicht sehr deutlich unterscheidet. Durch die Domestikation sind bei unseren Rassetauben – allerdings zum Vorteil der Haustierwerdung – Arteigenheiten verloren gegangen, die bei einigen gelegentlich nur noch in Form von Atavismen (lat. Atavus = Urahn; das Wiederauftreten von Merkmalen, die den unmittelbar vorhergehenden Generationen fehlen) zum Ausdruck kommen. Was macht sie aber so interessant? Ihre schlichte Erscheinung kann es nicht sein, sondern es ist die Felsentaube selbst.

Voraussetzung für ihre Unterbringung ist eine geräumige Voliere, ausgestattet mit Brutnischen, wie sie in der Haustaubenhaltung oder auch Rassetaubenzucht üblich sind. Felsentauben bevorzugen jedoch stille Verliese mit geringem Lichteinfall. Sie sind besonders bei räumlicher Enge streitsüchtig oder aggressiv, weshalb die Haltung günstigenfalls von nur einem Paar oder drei und mehr Paaren zu empfehlen ist. Die Aggression eines ranghöheren Täubers könnte durchaus zum Verlust des unterlegenen führen, wenn nur zwei Paare den begrenzten Lebensraum teilen müssen. Ein möglicher dritter Täuber würde bei Disputen eingreifen und von Duellen ablenken. Bei Freiflug besteht diese Gefahr natürlich nicht.

Die Paare schreiten regelmäßig zur Brut, und zwar im Frühjahr und nur dann, wenn die Natur für die kommenden Wochen erträgliche Witterungsverhältnisse erwarten lässt. Nicht einmal energiereiche Kost animiert sie, den Brutzyklus früher beginnen zu lassen.

Sie sind absolut feste Brüter. Nähert man sich ihnen an, pressen sie sich fest auf den Nestboden. Sie verlassen die Brutstelle erst im letzten Augenblick, wenn sie bedrängt werden, und dann so heftig, dass es zu Gelege- oder Kükenverlusten führt.

Während der Jungenaufzucht ist es eher möglich – wenn es die Absicht ist, sie freizügig zu halten –, den Alttieren unbegrenzten Freiflug zu gewähren. Nachzuchtfürsorge, Ortstreue und ihr ausgeprägter Orientierungssinn veranlassen absolut zum Bleiben.

Wie es für die Wildtiere typisch ist, gehen sie nicht mit jedem beliebigen Artgenossen eine eheliche Bindung ein. Bei ihnen entscheiden arteigene Vorzüge wie unter anderem Resolutheit. Imponieren, Kokettieren und Balzflüge im Freiflug sind sowohl auffälliges als auch aufdringliches Gehabe, um Täubinnen den Hof zu machen. Wenn sie mit Haustauben zusammen gehalten werden, schaffen es ledige Felsentäuber nach Belieben, jede bislang dauerhaft geschlossene Taubenehe auseinanderzubringen – selbst dann, wenn sie als Nebenbuhler ihrem Konkurrenten an Statur und Kraft unterlegen sind. Felsentäubinnen tun das nicht; gelungene (auch Zwangs-)Verpaarungen mit Haustäubern sind bislang nicht bekannt geworden.

Der Kropf der Jungen ist prall gefüllt. Wie bei den Haustauben üblich, sind Schachtelbruten nicht die Regel. Maximal brüten sie alljährlich zweimal. Felsentaubenküken „drücken" sich – wie es im Fachjargon heißt – bei nahender Gefahr ähnlich wie die Eltern auf den Nestboden. Abwehrreaktionen, wie sich aufzurichten und mit Schnabelhieben mutige Verteidigungsbereitschaft zu demonstrieren, ähnlich der Rassetauben, kennen die jungen Felsentauben nicht. Ebenso wenig betteln sie um Futter und schon gar nicht mit Lautäußerungen. Das ist ein ureigenes Verhalten, würden sie doch ihren Aufenthaltsort sonst preisgeben.

Vor dem Flüggewerden zeigen sie keine Neugier zum voreiligen Ausfliegen. Wenn die Zeit gekommen ist, sind keinerlei Übungsflüge notwendig. Zielsicher erreichen sie auf Anhieb die anvisierte Landestelle. Nie fallen sie vom Nest unbeholfen auf den Boden.

Beim Verlassen der Brutstätte sind sie nicht jünger als sieben bis acht Wochen. Das ist eine Absicherung von Natur aus, die den Vögeln in ihrem nicht feindlosen Lebensraum nun flugsicher vorerst zum Überleben verhilft.

Solange Felsentauben mit ihrem Dasein in einer Voliere zufrieden sein müssen, fühlen sie sich ständig eingeengt. Ihr Argwohn gegenüber den Pflegern lässt sich annähernd nur mittels Fütterung überwinden; bei einer derartigen Haltungsweise werden sie aber selten zutraulich. Stets halten sie sich auf der gegenüberliegenden Wandseite auf. Kommt man ihnen beim Betreten ihres geschlossenen Lebensraumes zu nahe, weichen sie in Gegenrichtung des Pflegers aus, um Flucht suchend an ihm vorbei in die vermeintliche Sicherheit zu gelangen. Sie reagieren nicht kopflos und überstürzt, sondern sie verhalten sich wohlwissend zögernd, um einen Ausweg zu finden. Bei Freiflug ist die Fluchtdistanz sogar gering.

Verblüffend sind Begegnungen mit diesen Vögeln, wenn sie außerhalb auf der Volierenbespannung, also der oberen Abdeckung liegen und das Sonnenbad genießen. Durch das Drahtgeflecht vor einem Zugriff geschützt, verharren sie, bis sie schließlich blitzartig auffliegen und dann nicht einmal das Weite suchen, sondern aus nächster Nähe von nur wenigen Metern das kommende Geschehen mit Wachsamkeit verfolgen.

Felsentauben sind dafür prädestiniert, im Freiflug gehalten zu werden. Greifvogelattacken misslingen den Flugräubern, denn das Flugverhalten der Felsentauben ist auffallend geschickt, sehr wendig, rasch aufsteigend und geschwind fallend, vor und hinter Hecken, mit schnellen Richtungswechseln bei erstaunlicher Geschwindigkeit. Ausgedehnte Flüge unternehmen sie nicht, dafür halten sie sich während des Felderns länger in der näheren Umgebung auf. Wer sie aufmerksam beobachtet, bemerkt, mit welcher Vorliebe sie sogar Würmer aus dem Boden ziehen und verzehren. Ein trockenes Korn, das stattdessen die Haustauben vorgesetzt bekommen, finden sie dort freilich nicht. Dass die im Nest zu versorgenden Jungen mit teilweise tierischen Nahrungsteilen in ihrer Entwicklung an Größe geradezu explodieren, ist verständlich – und sollte den Versorgern der Haustauben doch zu denken geben.

Ein Felsentaubenpaar in ihrem ursprünglichen Lebensraum.

Ihre wunderbare Veränderlichkeit

Felsentauben geben eigentlich mit nur geringfügigen Nuancen ein einheitliches Gesamtbild ab. Das Gefieder ist blaugrau gefärbt, auffällige Farbmerkmale sind zwei schwarze Flügelbinden. Nur gelegentlich sind Individuen mit gehämmerten Flügelschildern auszumachen. Die blauen Schwanzfedern enden mit der äußeren schwarzen Subterminalbinde.

Die exotische Taubenwelt der in der südlichen Hemisphäre unserer Erde beheimateten Arten fällt da weitaus bunter ins Auge. Endemisch vorkommend sind sie ihrem Lebensraum angepasst, wobei die Taubenvögel (Ordnung Columbiformes) 300 Arten umfasst. Mehr als ein Drittel (118) zählt zu den Fruchttauben, ein geringer Teil (44) zu den am Boden lebenden Erdtauben; die restlichen Arten ernähren sich überwiegend mit Körnern oder sind Gemischtverzehrer. Besondere Umweltvoraussetzungen sind also für solche Farbenwunder gegeben.

Man kann die gestalterischen Sehnsüchte kreativer Menschen durchaus verstehen, dass sie zum Übertragen fröhlicher Farben nach Auftreten von Mutationen danach strebten, Haus- und Rassetauben farblich zu verändern. So ergab eine kaum noch einzuordnende Fülle von betonten Kombinationen das vielfarbig beeindruckende Schaubild von heute.

Es gelang ihnen auch, den Habitus, das Gewicht und die Gestalt als solche von der Urform abweichend zu verändern; in einigen Fällen sogar so weit, dass sie kaum noch in das eigentliche Taubenschema passend vermutet werden. Besonders auffällig sind sie im Kopf-Schnabel-Bereich. Eine strukturelle Federbildung erfolgt sowohl am ganzen Körper als auch an den Gehwerkzeugen. Die jetzt markant ausfallende Kropfausbildung bei Kröpfer-Rassen ist das ursächlich beim Werben um eine Täubin vom Felsentäuber verstärkt zum Ausdruck gebrachte Balzgehabe.

Diese Stadttaube wurde auf dem Haupt eines Denkmals in Reutlingen entdeckt.

Die Natur macht es möglich, durch selektierende Zuchtverfahren auserwählte Anlagen über das vorhandene Maß zu einem kennzeichnenden Rassemerkmal zu führen. In der Obhut von verantwortungsbewussten Pflegern betreut, pflanzen sie sich erfolgreich fort. Sie bieten unter Wahrung auch ethischer Ansprüche im Sinne der experimentellen Züchtungskunst reelle Chancen zu weiteren Fortsetzungen – im Hinblick auf behütete Rassemerkmale jedoch noch immer gesteuert mit bewahrender Disziplin.

Die Haustierwerdung der Tauben

Die Domestikation – die Haustierwerdung der Tauben – erfolgte vor etwa 6.000 Jahren, und zwar mit ziemlicher Sicherheit im jetzigen Irak, dem damaligen Mesopotamien. Zunächst galt das Interesse der Menschen, sie als Fleischlieferanten zu halten. Gelenkt durch Menschenhand entstand in den verschiedensten Gebieten des Orients die grundlegende, uns nach wie vor überraschende Rassenvielfalt, darüber hinaus auch in Nordafrika bis in südostasiatische Regionen wie Indien, Pakistan, Persien und deren Nachbarländer. Mutationserscheinungen (Erbanlagenveränderungen) begünstigten die fortlaufenden Prozesse der Rassebildungen. Mit der Festigung von ausgeprägten Merkmalen vollzog sich ihr Höhepunkt am deutlichsten um die Zeitwende vom 19. zum 20. Jahrhundert. Nach Bekanntwerden der mendelschen Vererbungsregeln setzte eine zunächst schleppende, nachher zielgerichtet gesetzesmäßig orientierte, zuchtstandbezogene Qualitätssteigerung ein. Jetzt gipfelt sie im derzeitigen Hochstand.

Die Veränderlichkeit der Taube im Haustierstand dargestellt von Tiermaler Jakob Relovsky.

Die Verstädterung der Tauben – die Straßentaube

Die moderne Variante, ein Parallelbeispiel für die Anpassungsfähigkeit von späteren Nachkommen, sind die heute in den Städten fest beheimateten, mitunter auch vagabundierenden Stadt- bzw. Straßentauben. Ihr häufiges Vorkommen verdanken sie urzeitlichen Felsentaubenpopulationen und der Verwilderung von Haustauben. Entflogene Rassetauben sowie seit über 150 Jahren auf der Strecke gebliebene Reisetauben trugen dazu bei, das Bild der jetzigen Straßentauben bunter zu gestalten. Mittlerweile sind die örtlichen Populationen derart gefestigt, dass versprengte Tiere aus beiden Haltungssystemen kommend nur selten eingegliedert werden.

Ihre dynamische Verbreitung fand insbesondere nach dem letzten Weltkrieg statt mit steigender Tendenz. Die Tiere hatten es zu dieser Zeit im zertrümmerten Deutschland wesentlich einfacher, ansässig zu werden. In Ruinen fanden sie nach Belieben eine Unterkunft. Und sie vermehrten sich zusehends vor allem in den Ballungszentren, wo ihnen das Heimischwerden aufgrund vielfältiger Versorgungsstrukturen entgegenkam, da der Futtertisch für sie inmitten der Wohlstandsgesellschaft dauerhaft und überreichlich gedeckt worden war und noch immer wird. Ernährungsprobleme kennen sie nicht.

Von einem Teil der Bevölkerung kritisch bemerkt werden sie nicht zufällig für lästig befunden. Gegen die drastische Zunahme wehren sich nun die Kommunen energisch. Historische Bauwerke werden unansehnlich verschmutzt, die Angst vor übertragbaren Krankheiten (Zoonosen), von Populisten in beängstigender Weise angeschürt, sind – wenn überhaupt – kaum zum Ausbruch gelangt. Mit der Androhung von Strafen ist dennoch in den meisten deutschen Großstädten deshalb ein Fütterungsverbot verhängt worden.

Abweichend davon sind wiederum andere Großgemeinden einen sympathischeren Weg gegangen: Sie haben Taubenschläge und/oder – städtebaulich betrachtet – an attraktiven Standorten ansehnliche Taubentürme mit Nistgelegenheiten errichtet. Auf diese unspektakuläre Weise ist die Vermehrung der Tauben nach Verträglichkeit der Populationsstärke kontrollier- und regulierbar geworden. Daran mag man erkennen, wie leicht die Tauben den Umgang mit uns, ihren zugewandten Gefährten eingehen.

Ob sie den einst nomadisierenden Menschen in ihre Siedlungen freiwillig folgten oder von den Menschen durch Zwangsausübung zum Haustier gemacht worden sind, bleibt wohl ungeklärt. Allerdings tendiert die Meinung der Evolutionswissenschaftler von heute dahingehend, dass die Tauben kulturfolgend wohl von selbst die Nähe der mit Ackerbau beginnenden und somit sesshaft gewordenen Menschen gesucht haben.

Die Taube – ein Symbol unserer Zeit

Dass ausgerechnet die Taube in den besonderen Blickpunkt der Menschen geriet, hat verschiedene Ursachen: Nachdem Noah während der Fahrt mit der Arche eine Taube auf Landsuche losgeschickt hatte, bestätigte sie bei ihrer Rückkehr mit einem Ölzweig im Schnabel, endlich rettendes Festland gefunden zu haben. Seitdem gilt sie im Christentum als Symbol des Heiligen Geistes.

Viel später machte Charles Darwin sie zum Studienobjekt. Aufgrund seiner daraus resultierenden Erkenntnisse folgerte er gemäß seinem Abstammungsgedanken, die Felsentaube sei die Stammmutter aller schon zu seiner Zeit bekannten Haustaubenrassen.

Tauben aus der Sicht von Charles Darwin

Als Charles Darwin 1809 in der Nähe von Shrewsberry in England zur Welt kam, war es ihm eigentlich in die Wiege gelegt, Naturforscher zu werden. Vater und Großvater übten den Arztberuf aus, wobei Letzterer bereits als Naturforscher und Dichter zu hohem Ansehen gekommen war und jenen Biologen angehörte, die schon damals den Evolutionsgedanken vertraten. Während seiner Kind- und Jugendzeit beschäftigte sich Charles Darwin mit dem Sammeln von Kleintieren und ging später leidenschaftlich der Jagd nach.

Nachdem er sein Medizinstudium abgebrochen hatte, aber die Stellung eines Geistlichen in der anglikanischen Kirche erlangte, gehört er 1831 zur Besatzung der legendären Schiffes mit dem Namen „Beagle“. Zuvor hatte er während eines mehrmonatigen Geologie-Studiums seine Grundkenntnisse erweitert. Die Forschungsreise dauerte fast fünf Jahre und führte über die südliche Halbkugel unserer Erde. Autark, denn vom Elternhaus sehr vermögend, ausgerüstet mit Intellekt sowie einer feinsinnigen Beobachtungsgabe, verstand er es, in seiner unabhängigen Position auf lange Sicht hinaus durch

Charles Darwin

tiefgründige Beweisführungen die von ihm vehement verteidigte Abstammungstheorie zu untermauern. In einer von der Religion stark geprägten Zeit, in der es noch keine reinen naturwissenschaftlichen Ausbildungsstätten gab, nahmen die Geisteswissenschaften noch unaufhaltbar einen fesselnden Einfluss auf die Menschen.

Anlässlich seines 200. Geburtstages im Jahr 2009 hielten insbesondere die Wissenschaften Rückschau. Universitäten, Fakultäten und Schulen erinnerten in vielfältiger Weise an ihn. Und sie feierten diesen genialen Forscher. In seinem 1868 veröffentlichten Werk „Das Variieren der Tiere und Pflanzen im Zustande der Domestikation“ – von dem es 1873 in Deutschland bereits eine 2. überarbeitete Auflage gab – beschreibt er gemäß des Titels auf nicht weniger als 106 Seiten seine viele Jahre hindurch andauernden Studien, die zur Erkenntnis führten, dass die Felsentaube die Stammmutter aller Haustaubenrassen ist. Wer sich mit den sechs Kapiteln über die Tauben vertraut macht, wird erfahren, wie Darwin bei anatomischen Vergleichen von Taubenrassen schon damals mit Unregelmäßigkeiten konfrontiert worden ist.

Noch heute – nach mehr als 150 Jahren – begegnen sie uns noch immer. Ihre Ursache wurde weder ergründetet noch bekam man diese leidigen Probleme in den Griff, wie beispielsweise die bei kleinen und größeren Rassen mit neun, respektive elf, anstelle der von Natur aus angelegten zehn Handschwingen oder die – von Ausnahmen abgesehen – von den zwölf Steuerfedern abweichende Unter- bzw. Überzahl des Schwanzgefieders. Anhand von kennzeichnenden Maßdifferenzen protokolliert er nur unwesentliche Unterschiede von Knochenlängen bei scheinbar hochstehenden und normalstehenden Taubenrassen.

Er argumentierte und plädierte gemäß seiner Beobachtungen: *„Wenn wir gewisse wichtige characteristische Verschiedenheiten ausnehmen, so stammen die Hauptrassen sowohl unter einander als mit der C. livia in allen übrigen Beziehungen streng überein. Wie bereits bemerkt, sind alle ausserordentlich gesellig; alle verschmähen es auf Bäumen zu sitzen und zu wohnen und dort ihr Nest zu bauen. Alle legen zwei Eier, trotzdem dies keine allgemeine Regel für die Columbiden ist; alle brauchen, so viel ich erfahren habe, dieselbe Zeit zum Ausbrüten ihrer Eier, alle ertragen dieselbe grosse Verschiedenheit des Clima`s, alle lieben dieselbe Nahrung und sind für Salz passionirt, alle zeigen (mit Ausnahmen) dieselben eigenthümlichen Manieren, wenn sie sich paaren wollen, und alle (mit Ausnahme der Trommel- und Lachtauben, welche gleichfalls in allen anderen Characteren nicht sehr abweichen) girren in derselben eigenthümlichen Weise ungleich der Stimme irgend einer andern wilden Taube.“*

Dieser kurze Abriss soll ausreichen, auf Darwins wissenschaftliches Wirken im Umgang mit Rassetauben aufmerksam zu machen. Er selbst schrieb dazu: *„Ich habe alle die verschiedenen Rassen lebendig gehalten, welche ich in England oder* *vom Kontinent mir verschaffen konnte, und habe von allen Skelette präpariert. Ich habe Bälge von Persien, eine große Anzahl von Indien und anderen Teilen der Erde erhalten. Seit meiner Aufnahme in zwei der Londoner Taubenclubs habe ich von vielen der ausgezeichneten Liebhaber die freundlichste Unterstützung erfahren.“*

Ihn – und das zurecht – huldigende Autoren unterdrücken bzw. verschweigen, wahrscheinlich aus Unwissenheit, was er im Briefwechsel seinem Cousin W. Darwin Fox 1855 offenbarte, nämlich dass es für ihn kein Vergnügen, sondern eine furchtbare Plackerei wäre, Tauben selbst zu züchten oder Jungtiere zu kaufen. Verbunden mit seiner Bitte, ihm doch einen Pfautaubennestling zu senden, vertraute er ihm an: *„Ich glaube nicht, dass ich jemals eine junge Taube gesehen habe.“* Darwin hatte in seinem Bekanntenkreis bedeutende, zu ihrer Zeit ausgewiesene Rassegeflügelzüchter und Taubenexperten, auf die er sich berufen konnte und die in seinen Veröffentlichungen auch als hilfreiche Informationsquelle vermerkt sind. Zu seinem engsten Kreis der Informanden gehörte die mit hannoverscher Herkunft agierende Koryphäe Englands, der Taubenfachschriftsteller William Bernhard Tegetmeier.

Tauben aus der Sicht von Oskar Heinroth

Es gab noch einen, der die Tauben durch die Veröffentlichung von Studien über Felsen- und Haustauben in den Fokus der Wissenschaft stellte, nämlich Oskar Heinroth, der Begründer der Verhaltensforschung (Ethologie). Wie ähnlich sich Lebensbilder gleichen, zeigt seine Vita.

Oskar Heinroth kam 1871 in Mainz zur Welt. Er entstammte einer weit in die Historie zurückreichenden Gelehrtenfamilie. In Reihenfolge verdingten sich die männlichen Ahnen zweier Generationen als Stadtmusikus bzw. Universitäts-Musikdirektor in Nordhausen und Göttingen. Ein Großonkel, berühmter Professor für Psychiatrie, praktizierte in Leipzig. Sein Vater schließlich, in seiner Eigenschaft als Privatlehrer zu großem Vermögen gelangt, ließ sowohl den Sohn als auch die Tochter

Oskar Heinroth

hohe Schulen besuchen. Zugunsten ihrer vorzüglichen Wissensvermittlung zog die Familie zunächst nach Stuttgart, nach einigen Jahren dann nach Dresden.

Ein guter Schüler war Oskar Heinroth nicht, sogar Nachhilfen wurden nötig. Seine Aufmerksamkeit galt den Aquarien- und Terrarientieren, aber vor allem widmete er sich Vogelbeobachtungen. Als Junge züchtete er mit großer Hingabe erfolgreich Kanarienvögel. Schon damals nahm er Einblick in die Vogelseele, wie seine zweite Ehefrau Katharina beschreibt. Ab Kriegsende 1945 leitete sie noch elf Jahre lang den Zoologischen Garten Berlin. Sie starb 1989 im gesegneten Alter von fast 93 Jahren.

Oskar Heinroth studierte auf Wunsch der Familie Medizin, anschließend Zoologie. Mit 29 bestieg er im Hafen von Neapel die deutsche „Eberhardt", um an einer zwei Jahre dauernden Südsee-Expedition teilzunehmen. Nach der Rückkehr mit allerlei lebenden Tieren und präparierten Bälgen an Bord fand er als Direktorialassistent bei Prof. Dr. Ludwig Heck im Zoologischen Garten Berlin eine Anstellung. 1904 heiratete er Magdalena, eine ausgebildete Dermoplastikerin, eine Präparatorin, mit großem Ornithologieverständnis. Gemeinsam bearbeiteten sie das noch heute von Vogelkundlern begehrte vierbändige Werk „Die Vögel Mitteleuropas". Seine Frau starb viel zu früh 1932. Ohne sie wären zahlreiche Forschungsarbeiten samt deren Publikationen nicht zustande gekommen. In den Fachlexika kommt ihr als Ornithologin ebenso gleichwertige Bedeutung wie ihrem Mann zu.

Schon ein Jahr danach heiratete er Katharina Berger, eine promovierte Zoologin. Mit ihr begann er vorerst mit weitläufigen Versuchen, das Heimfindevermögen von Brieftauben zu erforschen. Im Vergleich zu vorangegangenen Versuchen mit Zugvögeln waren die Ergebnisse für beide enttäuschend. Sie richteten dann ihre mit großem Eifer bedachte Neugier auf das – wie sie es formulieren – genaue Erforschen des Familien- und Hordenlebens der Haustauben, denen sie einige Paare Felsentauben hinzugesellten.

Oskar und Käthe Heinroth verbrachten Tag für Tag abwechselnd nicht weniger als 18 Stunden auf ihrem Beobachtungsposten, jetzt schon ausgestattet mit einer 16-mm-Schmalfilmkamera. Wegen der Zerbombung der Taubenschläge im Dachgeschoss von Heinroths Wirkungsstätte, dem Zooaquarium, fanden diese Forschungsarbeiten vorzeitig ein jähes Ende. Verblieben sind nur die Aufzeichnungen, die dann 16 Jahre später in der Zeitschrift Tierpsychologie, Band 6, 1949, unter „Verhaltensweisen der Felsentaube (Haustaube)" erschienen.

Auf 49 DIN A5-formatigen Seiten mit 34 Fotos illustriert, beschrieb das Forscherehepaar die Tagesabläufe der Tauben mit ihren zeitausfüllenden Ritualen, Handlungen und Fürsorgemaßnahmen während der Jungenaufzucht. Dabei ließen sie nichts unbeobachtet. Ebenso wenig versäumten sie, geringste Regungen aufzuzeichnen, die inhaltlich betrachtet für einen versierten Taubenhalter oder aufmerksamen Rassetaubenzüchter nichts Außergewöhnliches sind.

Beschreibungen ethologischer Abläufe verführen Autoren bei der Interpretation von wissenschaftlichen Analysen mit Genauigkeit zu treffenden Wortbildungen, wenn nicht sogar Worterfindungen. So prägten sich Begriffe, die heute zum Sprachgebrauch sowohl der Ornithologen als auch Ethologen gehören, ohne zu wissen, dass Heinroth sie einführte, wie beispielsweise „Stimmfühlung" (das Sich-durch-die-Stimme-Zusammenhalten) oder „Sichflügeln" (stehend mit den Flügeln schlagen). Dazu gehört von allen Ethologen das bei Beschreibungen angewandte „Imponiergehabe". Diesen Ausdruck hielt er später für unglücklich gewählt, anstelle dessen er treffender „Prahlgehabe" gesagt hätte.

Oskar Heinroth gilt als der Begründer der vergleichenden Verhaltensforschung, der Ethologie, ein Wissenschaftszweig, der unseren Einschätzungen zufolge das Wesen der Menschen auf moderne Grundlagen stellt und davon ausgeht, dass nicht nur Eigenschaften des Körperbaus, sondern die seines Verhaltens auf stammesgeschichtliche Ursprünge zurückzuführen sind und demzufolge für alle Geschöpfe zutrifft. Des grandiosen Forschers prominentester Schüler, Nobelpreisträger Konrad Lorenz, schreibt in einer Laudatio *„... keiner vor Oskar Heinroth hat die ganz großen Zusammenhänge des tierischen und menschlichen Verhaltens durchschaut, wie er es tat."* Heinroth tat es mit außergewöhnlichem Gespür und ebensolchem Forscherehrgeiz.

Pablo Picassos Taube als Zeichen für den Weltfrieden – ein Symbol unserer Zeit.

An auffälliger Aktualität lässt es die Taube in ihrer Eigenschaft als Sinnbild für den Weltfrieden ebenso wenig fehlen. Pablo Picasso lieferte dazu den Entwurf. Seit 1949 nutzen ihn die internationalen Friedensbewegungen weltweit. Mit umschlingender Absicht verbindet sie die Sehnsucht der Menschen nach Frieden rund um den gesamten Erdball. Während sie auf dieses Ergebnis warten, lassen es die Tauben an Präsenz nirgendwo fehlen. Sie sind so gegenwärtig wie die Luft, die wir atmen. Für viele Menschen ist die Taube ein Segen – nicht nur als Symbolfigur. An Popularität mangelt es ihr nicht.

Die Taube in der Wissenschaft

Weil sie sich für Untersuchungen kognitiver Prozesse besonders gut eignet, hat die Taube in ihrer Eigenschaft als interessantes Haus- und Wildtier in der wissenschaftlichen Forschungsszene längst Einzug gehalten; in der Geschichte der Ethologie nimmt sie sogar einen historisch hochrangigen Platz ein.

Zum Einsatz kamen bislang bevorzugt Brieftauben. Sie sind ruhige und gelehrige Taubenvertreter, außerdem bringen sie die wichtigsten Voraussetzungen im Vergleich zu ihren Ahnen, den Felsentauben, mit. An vielen Universitäten der Welt gleichen sich noch immer die Methoden, wenn es darum geht, ihre Intelligenzleistungen zu testen.

Die Wissenschaft zeigt kaum zu stillendes Interesse, Einblick in alle möglichen Lebensabläufe zu nehmen, um spezifische Handlungen der Tiere zu erforschen. Ursprung dieser akademischen Vorhaben war wohl auch Darwins damals noch hypothetisch in Erwägung gezogene Annahme, der Unterschied der Arten sei eher quantitativ als qualitativ, woraus eben zum einen die Gründung und zum anderen die zunächst steten Fortentwicklungen der Vergleichenden Tierpsychologie und schließlich die Verhaltensforschung resultieren.

Die Ethologie (Ethos = Gewohnheit, Sitte) ist ein wissenschaftliches Teilgebiet der Verhaltensforschung; sie befasst sich mit dem Verhalten der Tiere und damit, individuelle bzw. artspezifische Gesetzmäßigkeiten zu eliminieren und deren Ergebnisse zu analysieren.

Nach frühzeitigen Erwähnungen ethologischer Formulierungen, die konkret bis in das 18. Jahrhundert und vermutlich noch weiter zurückreichen, begegnen wir endlich in der ersten Hälfte des letzten Jahrhunderts zwei kompetenten Forschern, die entscheidende Impulse zur eigentlichen Begründung der Verhaltensforschung gaben: der Amerikaner Whitman und der schon erwähnte Oskar Heinroth. Zu seinen Schülern gehörte auch der Mannheimer Dr. Rudolf Kramer, der 1959 beim Beobachten von Felsentauben in Italien tödlich verunglückte.

Aufschlussreiche Experimente mit Tauben

Als visuelle Tiere sind die Tauben willkommene Experimentierobjekte geworden. Über sie gibt es verblüffende Erkenntnisse, denen sehr vielfältige Untersuchungen vorausgingen. Um Denkaufgaben lösen zu lassen und auch das zeitliche Erinnerungsvermögen von Tauben herauszufinden, bedienen sich die Wissenschaftler spezieller Behältnisse mit technischer Ausstattung. Ein Behälter ist erforderlich, damit die Labortaube nicht abgelenkt ist und vor allem nicht entweichen kann. Die Übungsabläufe erfolgen in isolierter Abgeschiedenheit, ohne jeglichen Sichtkontakt zum Trainer, sprich Wissenschaftler. Die Taube selbst befindet sich in einer für sie reizlosen Umwelt.

Vordergründiges Experimentieren beruht jedes Mal auf Dressur mit Futterbelohnung und Versagen solcher Gaben als „Strafe“. Lernen durch Erfolg zeitigt gewissermaßen nach Zigtausenden von Wiederholungen praktische Nachweise und dokumentierte Fakten.

Prof. O. Köhler hat mit seinen Studenten um 1935 und später noch an der Universität Königsberg versucht, mit der Taube „Nichtweiß“ zur Frage ihres Zählvermögens aufschlussreiche Antworten zu bekommen. Schon nach Hunderten guter und schlechter Erfahrungen lernte sie, dort Futter zu finden, wo zwei Punkte aufgezeichnet waren, aber leer ausging, wenn sie sich an einem oder drei Punkten zu schaffen machte. Dadurch erlernte sie zwei Punkte von drei, drei von vier und auch noch vier von fünf zu unterscheiden. Damit war dann allerdings die Grenze des Zählvermögens erreicht. Dokumentiert wurde das alles durch skizzenhafte Aufzeichnungen, unterstützt mit vielen Kilometern Filmstreifen. Das war damals in der Tat ein aufwendiges Unterfangen, wenn man berücksichtigt, was vor nahezu achtzig Jahren, im Gegensatz zu heute, bei dieser Pionierleistung zum Filmen oder gar Fotografieren noch an Aufwand zu betreiben war.

Mit Fortschreiten der Techniken wurde es infolge des zunehmenden Erfindergeistes der Tierpsychologen leichter, die Wahrnehmungsleistungen von Tauben zu untersuchen wie das Unterscheiden flächiger Muster oder komplexer Bilder.

Zu diesem Zweck befindet sich die Taube in einer sogenannten Skinner-Box: ein würfelförmiger Apparat, benannt nach dessen Konstrukteur, dem amerikanischen Psychologen B.F. Skinner (1904 bis 1990). Mittels eines computergesteuerten Projektors wird auch hier die Taube – auf Muster – dressiert und ihre Lernfähigkeit untersucht. Über diese erstaunlichen Resultate berichtet Delius 1986 und belegt, dass die Tauben in einigen solcher Unterscheidungsprozesse den Menschen sogar deutlich überlegen sind. *„So können sie etwa eine einmal erlernte Unterscheidung zwischen symmetrischen und asymmetrischen Mustern generalisieren, das heißt, das Erlernte auf ihnen unbekannte Muster übertragen. Und sie können sogar Gleichheit gegenüber einem vorgegebenem Muster erkennen – auch wenn die Vergleichsbilder in der Größe abweichen oder verdreht sind.“*

Nun sind dies Muster mit kleinsten Korrekturen, die uns Menschen aus oberflächlicher Sichtweite betrachtet wahrhaftig verwirren können, noch dazu, wenn sie ungleich platziert sind.

Sehr ausführlich beschreibt Lorenz von Fersen 1989 über das Erlernen von 725 Reizen. Zum Einsatz kamen vier Haustauben (vermutlich Brieftauben) mit Skinner-Box-Erfahrung in einer mit zwei auf einer horizontalen Arbeitsplatte befindlichen Pickscheiben ausgestatteten Versuchskammer. Durch zwei Schläuche fielen nach Impulsgebung über einen Elektromagnet ausgelöst die Futterkörner als Belohnung in die beiden Futterstellen.

Der eine und andere Leser mag dieser Betrachtung von Anbeginn in gewisser Weise skeptisch gegenüberstehen, weil er Anstoß an der Sterilität dieser Vorgehensweise nehmen wird und sich keineswegs mit der technischen Abwicklung identifizieren möchte. Rechtfertigend sind Forschungsprojekte in dieser Art dennoch, denn wie sonst könnten wir für kognitive Prozesse – Wahrnehmen, Lernen, Speichern, Verarbeiten – wie das Ziehen von Schlüssen oder Lösen von Problemen Erklärungen finden.

Im Bemühen um wissenschaftliche Erkenntnisse geht es derzeit aber nicht um reinkognitive Intelligenzleistungen der Tauben, sondern mehr oder weniger um das Befinden einiger Taubenrassen im Zustand domestizierter Merkmalsauffälligkeiten. Weiterhin geben in der Öffentlichkeit nicht nachlassende Kritiken sowohl an seit einigen hundert Jahren ausgeübten Zuchtmethoden wie auch ebenso lange anvisierten Zuchtzielen Anlass, diesen Einwänden nachzugehen.

Dem Tierschutz zugeneigte Mitmenschen sehen in dieser Handhabung ein regelrechtes Vergehen an der Kreatur. Nicht aus Sicht der Geschöpfe – der Tauben – betrachtet, sondern gelenkt von Emotionen nehmen sie überhaupt Anstoß an der seit historischen Zeiten längst zur Tradition gewordenen Pflege von Haustieren durch Menschenhand.

So konnte die Doktorandin Mareike Fellmin bei einem Intensivstudium im Wissenschaftlichen Geflügelhof des BDRG davon ausgehen, aufschlussreiche Ergebnisse zu erzielen. Im Bruno-Dürigen-Institut oblag ihr das Forschungsprojekt „Sensomotorische Steuerung des Pickverhaltens bei verschiedenen Taubenrassen". Sie untersuchte an den Rassen Bucharische Trommeltauben, Carrier, Orientalische Mövchen, Perückentauben sowie den noch in das Programm hinzugenommenen Brief- und Kingtauben das Pickverhalten. Das sind Kandidaten – vom Kenner beurteilt – mit teilweise eingeschränktem Gesichtsfeld. Die Anschaffung der für zwei Skinner-Boxen notwendigen Präzisionsgeräte erfolgte mit Unterstützung von JUWIRA, dem „Verein zur Förderung junger Wissenschaftlerinnen und Wissenschaftler in der Rassegeflügelforschung e. V". Herausgefunden werden sollte, inwieweit – gemessen am 270-Grad-Sehwinkelvermögen – die im Kopf- bzw. Schnabelbereich befindlichen

Strukturmerkmale eine Sichtbeeinträchtigung darstellen. Von nicht minderem Interesse war das Nahrungsaufnahmeverhalten bei kurzschnäbligen Mövchen zu erfassen und schließlich der Einfluss der Kopfform auf das Gesichtsfeld bei Kingtauben. Der Ausgang der Untersuchungen führte zu Resultaten, die bei Warzentauben zur Rücknahme züchterischer Zielsetzungen führte.

Eine vor Ort von der gleichen Wissenschaftlerin in 2011 laufenden und 2012 während der Drucklegung dieses Buches zum Abschluss gekommenen Studienarbeit hatte zum Thema: „Die Haustaube als ein Modell für altersabhängige Verhaltensweisen". In einem Zwischenbericht lautete ihre Vermutung, dass junge Tauben auf die Rasse der Eltern geprägt sind, unabhängig davon, ob es die leiblichen oder rassefremden Zieheltern waren. Somit bestätigt sich die Beobachtung der Züchter in der Praxis, wie im Zuge des Werbens um einen Geschlechtspartner sexuelles Balzverhalten gelenkt wird, das den Eltern gleichkommt.

Mit außerordentlichen Verdiensten auf dem Gebiet der Vererbung bei Tauben, speziell über genetische Vorgänge bezüglich der Färbung, hat sich in den vergangenen zwanzig Jahren Prof. Dr. Axel Sell in besonderer Weise hervorgetan. Der eigentlich von Berufswegen international agierende Wirtschaftsprofessor trat mehrsprachig mit zahlreichen Buchpublikationen an die Öffentlichkeit, wie es sie mit diesem in der Praxis erworbenen Informationsreichtum bislang noch nicht gab.

Italienische Mövchen in 25 Farbenschlägen, eine Vielfalt, wie sie nicht bei jeder Taubenrasse in Erscheinung tritt.

Ergebnisse aus der Grundlagenforschung werden als Lehrstoff von den Rassetaubenzüchtern interessiert aufgenommen, denn nur, wer die Rassetaubenzucht komplex handhabt, wird in der Praxis zum Erfolg gelangen.

Die Rassenvielfalt

Farben, Formen und Strukturen, Temperament und Zutraulichkeit der Tauben sind beeindruckende Kriterien, die bei ihrer Anschaffung zu einem Auswahlleitmotiv werden. Welche Rasse es letztendlich sein wird, wird oft nach dem Motto entschieden „Der erste Eindruck ist stets der beste".

Nirgendwo unter den Haustieren ist die Rassevielfalt unterschiedlicher gestaltet als bei den Tauben. Immerhin sind 1.100 von ihnen im „Handbuch der Taubenrassen, die Taubenrassen der Welt" beschrieben und die meisten davon abgebildet worden. Darüber hinaus begegnen Reisende in entlegenen Gegenden der nördlichen und südlichen Hemisphäre immer wieder unbekannten Rassen, die zunächst euphorisch an Interesse gewinnen, hierzulande dann eingeführt werden und nachher nicht selten wieder verschwinden.

Abgesehen von ihrem Erscheinungsbild bedürfen sie freilich einer auf sie spezifisch ausgerichtet symbiotischen Wahrnehmung. Die generelle Grundlage für eine Entscheidung ist die künftige Unterbringung, also die räumlich vorhandenen Ge-

Französische Bagdetten sind Warzentauben mit Tradition.

Altenburger Trommeltauben stellen ihre Trommelstimme sogar bei Wettbewerben unter Beweis.

gebenheiten. Weitere Voraussetzungen sind zu berücksichtigende Besonderheiten der Rasse. Außerdem stellt sich die Frage: Soll es eine deutsche oder eine regionalbezeichnende Rasse zum Beispiel mit sächsischer oder württembergischer Herkunft sein oder wird es eine ausländische Nationalrasse werden? Über bekennenden Nationalstolz können wir uns nicht beklagen. Unternommene Reisen durch die Welt der Rassetauben stimmen den Schreiber dieser Zeilen sehr erheiternd.

Der Deutsche Rassetaubenstandard (Stand Juni 2012) enthält 324 von 327 in Deutschland anerkannte, für konkurrierende Ausstellungszwecke zugelassene Rassen. Sein Inhalt nimmt durch das Hinzufügen von Rassen nach den jeweiligen reglementierten Anerkennungsverfahren seitenfüllend zu. Vom Bundeszuchtausschuss (BZA) geregelt unterliegen die Kandidaten sowohl einer Vorstellung als auch Sichtung.

Die Rassenfülle selbst ist unterteilt in elf Gruppen, und zwar in: Formen-, Warzen-, Huhn-, Kropf-, Farben-, Schweizer Farben-, Trommel-, Struktur-, Mövchen-, Tümmler- und Spielflugtauben. Die den Buchinhalt begleitende Bildergalerie gibt nur einen kleinen Einblick in die faszinierende Welt ihrer Vielfalt.

Hier nun eine spezielle Empfehlung zur Anschaffung dieser oder jener Rasse mit ihren Eigentümlichkeiten auszusprechen, wäre wirklich vermessen. Es würde auch den Rahmen dieses Buches sprengen, ist doch sein Titel auf die Erteilung von aus der Praxis gezogenen Ratschlägen begrenzt.

Die Zuchtanlage

Das Angebot an widerstandsfähigen und mit handwerklichem Geschick zu bearbeitenden Baumaterialien ist so vielfältig, dass der Wunsch zum Bau eines Taubenschlags leicht zu erfüllen ist. Der Kauf eines aus vorgefertigten Elementen bestehenden Taubenschlags hingegen wird wahrscheinlich teurer, ist dafür aber schneller zu bewerkstelligen. Von der Industrie angebotene Taubenschläge bewähren sich vielerorts und stehen durchaus in der Gunst einer anspruchsvollen Käuferschaft.

So kann eine moderne Zuchtanlage für Rassetauben aussehen: Volieren mit Sandboden und integrierten Badestellen.

Der Taubenschlag – die Visitenkarte des Züchters

Wurde die Taubenhaltung bislang nach Dach- und Gartenschlägen unterschieden, orientieren wir uns heute eher an in massiver oder leichter Bauweise erstellten Unterkünften zu ebener Erde. Die Rassetaubenzucht am Boden auszuüben birgt überwiegend Vorteile, da der Aufstieg über Treppen – ganz abgesehen von der Abfallentsorgung – im Alter beschwerlicher wird.

Auch wenn Tierbehausungen nicht groß und in ihrem Inneren nicht hell genug sein können, bedarf es keiner baulichen Besonderheit, einen neuen Taubenschlag zu errichten. Womöglich vorhandene Räumlichkeiten für die Unterbringung von Tauben einzurichten oder sie nach modernen Gesichtspunkten umzugestalten, verlangt keine Schwerstarbeit, dafür aber Ideenreichtum und Kenntnis über das geplante Vorhaben.

Ein Taubenschlag in Holzbauweise für Volierenhaltung und Freiflug.

Raumgröße und **Ausstattung** richten sich nach den Bedürfnissen der jeweiligen Taubenrassen. Habitus, Temperament, Verträglichkeit und Fluggewandtheit sind hier Vorgaben, um artgerechte, der Haustierform angepasste Ansprüche zu erfüllen.

Aufgrund ihrer Unempfindlichkeit gegenüber den in unseren Breiten herrschenden Witterungsverhältnissen sind kostspielige Baumaßnahmen zum Wärmeschutz nicht notwendig. Priorität hat eine mit anhaltender Sauerstoffzufuhr gesicherte, in ihren Einzelteilen funktionierende Unterkunft.

Stellung, Größe sowie die äußerliche **Gestaltung** des Baukörpers unterliegen bei einer Neubauabsicht den Vorschriften der örtlichen Genehmigungsbehörde, dem Bauamt. Zur eigenen Absicherung sollte man sich im Voraus darüber informieren, welche baurechtlichen Maßgaben vor Ort zu berücksichtigen sind.

Die **Grundfläche** des Stallgebäudes ist so groß auszulegen, dass ausreichend Platz für einen Zucht- und einen separaten Jungtierschlag mit Einzelgrößen von mindestens 4 bis 6 qm und mehr gegeben ist. Ein zusätzlicher Raum für Futtervorräte, möglichst so groß angelegt, dass dort Dressurkäfige untergebracht werden können, ist sinnvoll.

Bei einem Neubau wird die Größe von der Anzahl der voraussichtlich unterzubringenden Zuchtpaare und somit von dem geplanten Umfang der Rassetaubenzucht bestimmt. Vorhandene Räumlichkeiten hingegen schränken die Taubenhaltung entsprechend ein, wenn die Gegebenheiten platzmäßig nur gering ausfallen.

RAUMBEDARF

Bei der Berechnung des Raumbedarfs von Tauben verweisen Fachautoren nach wie vor auf traditionell weitergegebene Erfahrungswerte.
Als Faustregel gilt:
1 Kubikmeter Lebens- bzw. Luftraum pro Taubenpaar bezogen auf einen Mittelwert von 500 g Lebendgewicht einer Taube

Der Richtwert zur Ermittlung der Bedarfsfläche lautet:
Bodenfläche/kg Körpermasse Taube x 0,25 – 0,50 qm

Das sind Standardmaßgaben bei einer Freiflughaltung der Tauben.

In „Das Buch vom Tierschutz" äußern sich die Autoren nicht über die spezifische Beherbergung und Pflege von Tauben in Menschenhand, sodass nach Ermessen der Allgemeinheit die vorgenannten Ermittlungswerte als ausreichende Grundlage angesehen werden können.

Vorrang hat die Qualität des Taubenschlaginneren. Ob nun in Massivbauweise erstellt oder aus Holzteilen gezimmert, ist von einer lichten Raumhöhe von 2,00 bis maximal 2,50 m auszugehen. Bei der Auswahl der Baumaterialien ist grundsätzlich auf organischen Ursprung zu achten, also auf Bauholz mit glatter, dichter Oberfläche, um hygienische Pflegeleistungen (Desinfektionen) leicht vornehmen zu können.

Damit in die oberen Nistzellen Einsicht genommen und ohne Steighilfe so weit Hand angelegt werden kann, sind sie entsprechend der persönlichen Körpergröße anzuordnen, im Idealfall gegenüber der Fensterfront. **Lichtmenge**, ihre Intensität und reichlicher Sonneneinfall begünstigen das Gesundbleiben der Eltern- sowie Gedeihen der heranwachsenden Jungtiere – ein weiterer Grund, möglichst große Fensterflächen anzustreben.

Nach der Kälteperiode durch gitterbespannte Verschlüsse ausgetauscht, erfährt das **Raumklima** optimale Frischluftergebnisse. Kunststoffbeschichtete Baumaterialien sind in unzureichend belüfteten Federtierherbergen nicht anzuraten. Ritzen, Spalten und jegliche Öffnungen in den Wand-, Boden- und Deckenflächen sind zu vermeiden. Fungizide Anstriche mit atmungsaktiven Dispersionsfarben mindern jedes Ungezieferrisiko.

Die Versorgung des Schlaggebäudes mit **elektrischem Strom** ist für das Bereitstellen von Tränkenwärmern oder heizbaren Nistschalen Voraussetzung. Zur Vermeidung von Ungezieferunterschlüpfen erfolgt die Kabelverlegung unter Putz bzw. hinter den Stallwandverkleidungen oder auch in Kabelkanälen. Für Selbst-

Ein heller und luftiger Zuchtschlag für Deutsche Nönnchen.

tränken ist die Verlegung einer Frischwasserleitung unverzichtbar. Auf den Einbau in frostfreier Tiefe – je nach Region etwa 1,20 m im Boden versenkt – ist dabei zu achten.

Bei Zugängen in die Abteile haben sich in engen Raumverhältnissen die leicht zu handhabenden Schiebetürelemente durchgesetzt, wobei in Schlägen mit Bodeneinstreu eine Schwelle vorzusehen ist.

Bauphysikalisch verdient der **Fußbodenaufbau** besondere Beachtung. Zum Schutz gegen aufsteigende Feuchtigkeit – hierdurch besteht Gefahr von Fäulnisbildung bei Holz sowie Schädigungen an der Bausubstanz – wird der Einbau von bituminösen Sperrschichten zur unverzichtbaren Prophylaxe. Inwieweit seine Oberfläche einen mineralischen Zementstrich-Belag erhält oder als Alternative den Tauben künftig Gitterroste oder hölzerne Beplankungen als Lauffläche dienen, ist letztendlich Entscheidung des Taubenhalters. Praktisch bewertet halten sich Vor- und Nachteile die Waage.

Besondere Bedeutung hat die Bemessung der in der Fensterfront integrierten Ein-/Ausflugöffnung. Etwa in der Mitte der Raumhöhe installiert ist sie für alle Rassen gleichermaßen erreichbar. Auch hier ist die Flugbereitschaft der Insassen zu berücksichtigen. Der lichteinlassenden Fensterfront angepasst, ist in konstruktiven Ausnahmefällen in Richtung Raumdecke oder in direkte Bodennähe auszuweichen.

Die Größe der Flugöffnung kommt dem Naturell der Tauben entgegen, wenn sie nicht zu schmal ist und so den Durchlass gut ermöglicht. Auf einen Verschluss an dieser Stelle sollte auch bei einer Volierenhaltung nicht verzichtet werden.

Die **Glasfläche** sollte so groß bemessen sein, dass die Sonnenstrahlen über die gesamte Bodenfläche und möglichst auch noch die Nistzellen erreichen. Die in der Fachliteratur zugrunde gelegte Mindestforderung von 10 % der Bodenfläche ist nicht ausreichend; hier wäre die erforderliche Tagelichtmenge deutlich unterschritten.

Geräumige Nistzellen für Huhntauben, hier die Rasse Modena Gazzi.

Die Ausstattung der Zuchtabteile und Jungtierschläge gestaltet sich unterschiedlich, wie im Folgenden erläutert wird.

Der Zuchtschlag

Zweckmäßigerweise kann in einem Zuchtschlag außerhalb der Brutstätten auf Sitzgelegenheiten verzichtet werden. Somit sind sämtliche Partner, vor allem die Täuber, bei nächtlichem Aufenthalt in der Nistzelle gezwungen, den Jungtieren Wärme zu spenden. Auch Nistzellen können – je nach Anspruch der Rasse – nicht groß genug sein. Sie müssen wenigstens so geräumig sein, dass die Geschlechter dort zusammengepaart werden und ungestört eine Begattung vollziehen können. Zur Ausübung der Schachtelbrut ist eine zweite Nistgelegenheit vorzusehen.

Inwieweit die Brutzellenvorderfront – bis auf eine Einlassöffnung – verschlossen sein soll oder nicht, richtet sich nach der Taubenrasse. Flüchtige Rassen bevorzugen verdunkelte Heimstätten, bei vom Temperament her ruhigen Tieren erfüllen großzügig gestaltete Vorsatzgitter ihren Zweck. Damit unvorsichtig werdende Jungtiere nicht herausfallen können, schließt der Zellenboden vorne mit einer mindestens 10 cm hohen Aufkantung ab.

Als Schublade ausgebildet sind die Böden ausziehbar und leicht zu reinigen. Werden sie nach der Zuchtperiode entfernt und teilt man sie mittig mit einem senkrechten Stellbrett, ergänzt durch Auflageleisten, kann mit dem Einlegen von Zwischenböden die Sitzkapazität verdoppelt werden.

Typisches Sitzregal für Kropftauben.

Der Jungtierschlag

Mit dem Flüggewerden ist es für abgesetzte Jungtauben ideal, wenn sie mit einer gleichaltrigen Schlaggesellschaft aufwachsen. Eine ungetrübte Lebensweise ist für sie nur in einem separat hergerichteten Abteil möglich. Dort haben sie – unbehelligt von aufdringlichen Alttäubern – durch Geborgenheit die allerbesten Entwicklungschancen und gedeihen prächtig.

Ein Jungtierschlag, der außerhalb der Zuchtzeit den Täubinnen überlassen wird, muss zahlenmäßig mehr Sitz- bzw. Ruheplätze aufweisen, als sich dort Individuen befinden. Das ist die Regel. Bewährt haben sich einzelne, an den Wänden befestigte Sitzreiter oder für fußbefiederte Rassen und Kropftauben gefällige Sitzteller. Es kommt auf die Verträglichkeit (Individualdistanz) der Taubenrasse an, in welchem Abstand diese Plätze nebeneinander angebracht sind. Als äußerst platzsparend erweisen sich dabei unterteilte Sitzregale, also sozusagen rundum geschlossene Wandnischen mit offener Vorderseite, die in Anpassung an den Bedarf auf geringer Wandfläche möglichst vielen Einzeltauben einen sicheren Aufenthalt gewähren.

Abgesetzte Elsterkröpfer-Jungtiere in einem Baby-Abteil.

Der Baby-Stall

Falls für frisch abgesetzte Jungtauben zur vorübergehenden Unterbringung kein separates Abteil vorhanden ist, reicht ein mit Stroh eingestreutes Behältnis aus. Als Ersatz kann das vorübergehend eine große Nistzelle sein. Dort fühlen sich die Jungtauben wohl, besonders, wenn sie an dieser Stelle durch fensterlose Öffnungen direkt von Sonnenstrahlen erreicht werden.

Die Bodeneinstreu

Weil eine Bodeneinstreu die Schlaghygiene sehr stark beeinflusst, ist das Thema zwischen Befürwortern und Gegnern zu einem häufig diskutierten Thema geworden. Dabei stehen Zweckmäßigkeit und Ablehnung zur Debatte. Die Vorteile nutzen die einen, Gesundheitsgefährdung sehen die anderen.

Zum Einsatz kommen sowohl organische als auch mineralische Einstreumittel. Seit einigen Jahren sind Hanfspelzen zu einem beliebten Bodenbedecker geworden. Wegen ihrer kaum zu übertreffenden Saugfähigkeit haben sie großen Zuspruch gefunden und rangieren deshalb in der Beliebtheitsskala ganz oben. Durch Einkapseln des Kotes gewähren sie eine lange Nutzungsdauer. Weil sie bei Flugbewegungen aufwirbeln, sind Säge- und Hobelspäne ungeeignet, es sei denn, sie werden beschwerend mit feinem Sand vermischt. Heu verklebt bei starkem Kotbefall. Und eine Stroheinstreu bestätigt sich erst dann als effizient, wenn die Halme nur handlang geschnitten sind. Sand und Feinkies absorbieren nur geringe Mengen an Feuchtigkeit. In nicht trockenen Stallungen stellen sie – egal in welcher Schichtdicke und Körnung – ein weiteres Risiko dar. Denn bei der Beurteilung von bestimmten Formen erliegen alle Geflügelarten dem starken Reiz glänzender Oberflächen. Tauben bilden hierbei keine Ausnahme. Im Gegenteil, wo es nämlich an Magensteinchen im Mineralbehälter mangelt, werden sie mit Begierde davon aufnehmen; der handelsübliche Taubenstein ist kein Ersatz dafür.

Für Züchter von belatschten Rassen gibt es keine alternative Lösung. Sie werden zur Schonung – wenn auch während der Zucht kurz gehalten – zugunsten der Fußbefiederung seltener die Dauertrockenkotmethode beibehalten und in jedem Falle auf eine wirkungsvolle Bodeneinstreu wie Hanfspelzen ausweichen.

Auf die Saugfähigkeit des Untergrunds kommt es an. Empfohlen wird auch ein mehrere Zentimeter dicker Belag aus gehäckseltem Buchenholz. Dass bei längerfristiger Nutzung ein regelmäßiger Austausch ansteht, gehört im Zuge der Hygiene zu den Grundvoraussetzungen der darauf ausgerichteten Rassetaubenpflege.

Hanfspelzen sind mit ihrer Saugfähigkeit eine kaum zu übertreffende Einstreu.

Wer sich für organische Einstreu entscheidet, kann auf prophylaktische Parasiten-Abwehrmaßnahmen nicht verzichten. Von mengenmäßig großen Sprühmitteleinsätzen ist der Feuchte wegen abzuraten, umso dienlicher sind Hygienepulver mit dem Produktnamen Schlagweiß. Sie werden im Fachhandel in größeren Gebinden in Beuteln oder Eimern angeboten und sind für Geflügeltiere giftfrei, in keinem Falle gesundheitsschädigend und trotz ihrer geringen Einsatzmenge in der Lage, die angefallene Kotfeuchte zu binden.

Frische Luft im Taubenschlag

Dies ist ein komplexes Thema, das aufgrund seiner Brisanz an dieser Stelle eingehender behandelt werden soll. Weil es in der Praxis in manchen Taubenhaltungen vernachlässigt wird, bedarf es doch der ständigen Ermunterung. Schließlich beeinträchtigen negative Umweltbedingungen die Lebensqualität der Tiere. Und die gilt es, unter den jeweils gegebenen Räumlichkeitsrisiken zu regulieren – von den Züchtern in der Brieftauben- und Flugtaubenszene übrigens eine zur Handhabung des Flugtaubensports sehr ernst genommene Grundvoraussetzung.

Licht, Luft und Sonnenschein sind bekanntermaßen für alles Leben auf der Erde unentbehrliche Klimafaktoren und einflussnehmend auf die Schlaganlage in vielerlei Hinsicht. Die geografische Lage, der lokale Standort sowie häufig wechselnde Witterungsverhältnisse sind von elementarem Bestand, den es in positiven Einklang zu bringen gilt. Die Taubenhaltung in Wasser- und Waldesnähe ist eine andere als die in der flachen Ebene, im Mittelgebirge oder hoch oben in den Bergen. Ungleiche Voraussetzungen mit nicht immer vorhersehbaren Auswirkungen gilt es zu bewältigen, das heißt baukonstruktiv daraus das Beste zu machen mit dem hier erörterten Endziel: Frische Luft im Taubenschlag!

Je nach Bauausführung erfolgt die Taubenhaltung in massiven entweder aus Stein oder Holz errichteten Behausungen. Mit dem Vorsatz „Platz ist in der kleinsten Hütte“ hat so mancher Flugvogelliebhaber zunächst mit der Haltung von Tauben begonnen und später seine Freizeit komfortabler mit der Zucht edler Rassetauben ausgefüllt. Nicht jeder Taubenschlag ist vor dem Bezug neu gebaut worden. Wer nachher an Erfahrung reicher geworden ist und mit Detailkenntnissen ausgerüstet über sowohl biologische als auch zuchtstrategische Notwendigkeiten Bescheid weiß, defizitäre Mangelerscheinungen erkennt und Korrekturen zur Umweltverbesserung für notwendig hält, wird dienlichen Verbesserungsvorschlägen gegenüber nicht abgeneigt sein und sie verwirklichen wollen.

Die richtige Luftzufuhr

Gehen wir davon aus, den Taubenschlag konzeptionell nach bauphysikalischen und raumhygienischen Gesichtspunkten aufzubereiten und weitestgehend zu modernisieren:

Unterschiedlich veranlagt, bevorzugt die eine Rasse zum Brüten abgeschirmte, dunkle Nistzellen, die andere helle, wieder andere richten eine Eiablage am Boden ein. Ungeachtet dessen sind helle Unterkünfte erstrebenswert, also mit **Fenstern** in einer Größe, deren Glasfläche den größten Teil der Schlagbodenfläche von der Sonne erreichen lässt, ausgestattet. Deren Drehflügel sollten nicht nur offen gehalten, sondern über den größten Teil des Jahres hinweg entfernt werden können.

Zum Instrument der Luftzufuhr gehört auch die breit ausgerichtete **Flugöffnung**. Sie muss für fluggewandte Rassen höher, für schwere tiefer in Bodennähe oder direkt auf Bodenniveau angelegt werden. In der Regel stehen die Brutstätten auf der gegenüberliegenden Wandseite.

Damit nun in der Taubenherberge eine funktionierende Luftzirkulation entstehen kann, wird über den kistenförmigen Nistzelleneinbauten bzw. davor im Deckenbereich mittels eines Schiebers eine regulierbare **Abluftöffnung** eingebaut. Weil frische Luft schwerer als sauerstoffarme ist und das Bestreben hat, nach oben zu entweichen, führt diese Strömungsbewegung auf natürlichem Weg zum Luftaustausch, und zwar gründlich und nachhaltig bei jeweils diagonaler Anordnung der Zu- und Abluftöffnungen. Das geschieht am wirkungsvollsten, wenn sie auf höhenversetztem Niveau, nämlich in direkter Bodennähe die eine und in der Decke die andere, eine Luftumwälzung in Gang bringen.

Optimale Schlagklimaverhältnisse herrschen überall dort, wo es „nicht nach Tauben riecht“ und wo bei Tag und Nacht kein Unterschied zwischen der Außen- und Stallluft festzustellen ist! Brieftaubenzüchter sind reine Frischluftfanatiker.

Sie wissen, worauf es ankommt, sonst wären sie mit ihren absolut leistungsfähigen „Rennpferden der Luft“ niemals konkurrenzfähig. Wenn Tauben trotz freier Wandsitzplätze die Nacht auf dem Schlagboden verbringen, könnte es ein warnendes Zeichen von unzureichender Frischluftversorgung sein!

Wandöffnungen begünstigen ungehindertes Eindringen frischer Außenluft – je größer, umso so effizienter. Als Schutz gegen Eindringlinge wirkt feinmaschiges **Drahtgeflecht** auf Wechselrahmen bespannt. Starken Einfluss auf das Stallklima nehmen die Umfassungswände, der Fußboden und die Decke sowie die Nutzeinbauten. In Holz ausgeführt und mit atmungsaktivem Anstrich versehen sind sie in bauphysikalischer Hinsicht weitaus bedenkenloser als Mauerwerk oder gar Beton.

Wenn es große, schwer zu belüftende Räume sind, die tief in das Gebäudeinnere hineinreichen, hilft oft nur eine mechanische Lüftungsanlage, um ein erträgliches Schlagklima zu erreichen, oder das Beheizen, aber nicht den Tauben zuliebe, um sie mit Wärme zu verwöhnen, sondern um den Schlag durchgehend absolut trocken zu halten.

Ionisatoren sind kostengünstig im Energieverbrauch.

Eine handelsübliche Insektenfalle und frisch eingebrachte Lavendelzweige, um lästige Plagegeister zu vertreiben und zu vernichten, ersetzen die chemische Keule.

Luftfeuchtigkeit und Sonnenlicht

Feuchtigkeit im Taubenschlag entsteht hin und wieder durch verschüttetes Trink- und Badewasser, aber auch durch verkotete Bodenflächen besonders in gnadenlos überbesetzten Taubenunterkünften, wo zu viele Tiere sich die zu wenige, sauerstoffarme, womöglich stehende Atemluft teilen müssen – das größte Übel. Gereizte Augenbindehäute sowie die Gefährdung der Atmungsorgane – hervorgerufen durch den nächtlichen Kotabsatz eines Tieres von bis zu 30 g und den Ausstoß feuchter Atemluft – sind eine Folge des Ammoniakaufkommens. Dem gegenüber besteht ein Frischluftbedarf pro Kilogramm Körpermasse der Taube und Stunde von 270 bis 320 ml. Multipliziert mit dem gesamten Taubenbestand wird somit eine beträchtliche zuzuführende Frischluftmenge fällig.

Die Luftverhältnisse in aus Holz gebauten Taubenschlägen sind einfacher zu regulieren als in solchen aus massiven Baustoffen. Die Reduzierung des Feuchtigkeitsgehaltes der Stallluft in beiden Varianten, wo die Nachrüstung von Öffnungen nicht möglich ist, gelingt mit geringem Aufwand durch Hanfspelzen (siehe auch Seite 39). Mit dieser Bodeneinstreu, die als absorbierendes Hilfsmittel vortreffliche Werte erzielt, ist der Luftregulierung keineswegs ausreichend Genüge getan, kommt der Annäherung an trockene Schlagverhältnisse jedoch näher. Allerdings muss man sich damit abfinden, dass mit längerer Liegedauer die Staubbildung zunimmt. Um die Schlaginsassen schließlich vor möglich werdenden Augen- und Atemwegreizungen zu schützen, ist von einer langfristigen Nutzung abzuraten.

In nach Südosten ausgerichteten Taubenunterkünften, wo der junge Tag mit heller werdendem Licht die lufthungrigen Bewohner wach werden lässt, herrschen sozusagen schon von Natur aus günstigere Raumklimaverhältnisse. Mit dem Einfluss der Sonne sind optimale Voraussetzungen geschaffen, denen bereits bei der Planung große Beachtung beizumessen ist.

Wenn die Tage länger und die Sonnenstrahlen spürbar intensiver werden, bewirken sie auch im Stallinneren endlich einen vernehmbaren Ausgleich. Das **Sonnenlicht** regt nicht nur den Geschlechtstrieb an. Dank dessen Einflussnahme wird durch es das zur Stoffwechselregulierung notwendige Vitamin D gebildet, wodurch die Futteraufnahme angeregt wird und nach Monaten der stimmungsdrückenden Dunkelheit alle organischen Körperfunktionen reaktiviert werden. Die Schlagluft gerät in Bewegung und sorgt für Ventilation. Bei geöffneten Fenstern wird das Sonnenlicht im Kampf gegen bakterielle Krankheiten zum hilfreichsten und wirksamsten Umweltfaktor. Denn bei direkter Einwirkung vernichtet es als natürlicher Desinfektionsmittelersatz durch keimtötende Austrocknung die bedrohlich auftretenden Krankheitserreger.

Volierenbau

Zu einem lebensbejahenden Dasein der Taubenvögel gehört das Fliegen, und zwar in möglichst grenzenloser Freiheit, wie es die Felsentauben an ihre zum Haustier gewordenen Nachkommen weitergegeben haben. Dieses Bedürfnis ist aber bei einigen Rassen durch selektive Einflussnahme nur noch verschwindend gering ausgeprägt. Solche Rassen erfreuen sich bei einer auffallend großen Schar von Züchtern einer außergewöhnlichen Beliebtheit. Ihr Flugwillen ist bei zeitweiligen Beschäftigungen auf Ernährungs- und Fortpflanzungsaktivitäten beschränkt. Sie wechseln seltener ihren Aufenthaltsort, wobei sie es an Mobilität dennoch nicht fehlen lassen.

Volieren bieten Tauben, denen kein Freiflug gewährt ist, dennoch viel Bewegungsfreiheit.

Gründe, mit der Rassetaubenzucht auf die Volierenhaltung auszuweichen, sind das Resultat früherer Erlasse von zeitweiligen Freiflugverboten während der Feldbestellung, Gesundheitsschädigungen infolge von Vergiftungen beim Feldern, Nachbareinsprüche und die massive Bedrohung durch Greifvögel. Gegenwärtig gehört die eingeschränkte Taubenhaltung zum Standard dieser Freizeitgestaltung. Ihrer Vorzüge wegen hat sie sich weitestgehend durchgesetzt, denn sie vereinfacht die Zuchtarbeit. Die Tiere aus der Nähe betrachten zu können, ist sehr vorteilhaft. Und dort, wo sie obendrein in den familiären Alltag mit einbezogen ist, bereitet sie zusammen mit den Kindern außergewöhnliche Freude. Volieren schränken den Flugraum der Tauben zwar ein, bieten aber dennoch Bewegungsfreiheit, sofern positive Reize den Flugwillen animieren.

Das notwendige Baumaterial

Auf lange Sicht betrachtet sind **Holzkonstruktionen** als Rahmengerüst an Haltbarkeit gegenüber denen aus **Stahl** keinesfalls im Nachteil. Leichtmetallelemente kommen aber auf Dauer ohne jegliche Sanierung aus. Sie sind vom Material her in keiner Weise anfällig. Farbig eloxiert lassen sie sich Schmuckelementen gleich in die Umgebung einfügen.

Der Volierenbau beginnt mit dem Anlegen eines Fundamants. Ein schaufelbreites **Betonfundament** frostfrei gegründet (80 bis 120 cm tief) ist nicht nur stabil genug, um den Aufbau zu tragen, sondern schützt gleichzeitig die Insassen vor grabenden Eindringlingen wie Fuchs, Dachs oder Marder. Auf der waagerechten Oberfläche wird eine bituminöse, für Feuchtigkeit undurchdringliche Isolierpappe verlegt, die sowohl den aufliegenden Holz- als auch Stahlrahmen gegen aufsteigende Nässe schützt. Bei Leichtmetall-Konstruktionen werden lediglich die senkrechten Pfosten fixiert, die waagerechten Rahmenteile werden in einer Höhe von nur 1 cm über dem Untergrund befestigt.

Schlanke **Vierkantprofile** (oder auch runde) als tragende, senkrechte Pfosten von 40 x 40 bis 60 x 60 mm oder geringer bemessen geben – mit den waagrechten Rahmenteilen verbunden – dem gesamten Korpus ausreichende Stabilität. Bei einer Decken-Spannweite von 3 m tragen sie auch normale Schneelasten, wenn die Deckenbespannung einigermaßen schneedurchlässig ist. Bei größeren Volierenbreiten wird man auf unterstützende Stiele (Pfosten) dazwischen nicht verzichten können.

Zur Bespannung eignet sich der sogenannte **Kaninchenstalldraht**, das Sechseckdrahtgeflecht in verzinkter Qualität, oder verchromtes **Punktschweißgitter**. Al-

Auf gleichem Niveau installierte Laufstege bieten Bewegungsfläche und Freiraum.

ternativ finden zum Schutz nach oben auch strapazierbare **Kunststoffnetze** häufig Verwendung, weil sich damit dank ihrer Flexibilität ein geometrisch ungleicher Grundriss und auch topografische Höhenunterschiede überbrücken lassen. Ihre unterschiedlichen Maschenweiten erlauben, die Tiere gegen Vierbeiner wie Marderartige und Katzen, aber auch gegen Greifvögel zu schützen. Bis auf die Kunststoffnetzprodukte – sie werden bei Bedarf auf Wunschmaß gefertigt – werden die Metallgeflechte weitgehend in Rollenbreiten von 100 cm und Längen bis zu 200 m angeboten. Je nach Ausrichtung, senk- oder waagrecht, wird dementsprechend das Achsmaß der tragenden Unterkonstruktion bemessen, um dort die Schutzbehänge befestigen zu können.

In ästhetischer Anpassung an das Taubenschlaggebäude sollte die Voliere mindestens eine Höhe von 2 m aufweisen. Selten fliegen Tauben in der Voliere bei einem mehretagigen Vorhandensein von **Laufbrettern** ein darunter befindendes an, es sei denn, die Voliere ist überbesetzt. Begrenzte Lebensräume bieten Aufenthaltsqualität, wenn Anflug-, das heißt Sitzmöglichkeiten die Bewohner animieren, von ihnen eingenommen zu werden.

Reihen sich mehrere Volieren nebeneinander, lassen sie sich zeitweise mittels vorgerichteten **Schiebe- oder Drehflügeltüren** mit wenigen Handgriffen vergrößern bzw. verkleinern. Diese praktische Handhabung ist vorteilhaft, wenn Tauben separat verwahrt werden oder bei zeitaufwendigen Pflegemaßnahmen weggesperrt und dadurch nicht über Gebühr bedrängt werden sollen.

In den Zuchtanlagen ist der Trend zur vollständigen oder zumindest teilweisen **Volierenüberdachung** erkennbar. Die umfangreiche Angebotsfülle von transparenten Wellenprofilen in Form von Rollenware, Stegplatten in Tafelformaten und sonstigen Produkten – gleichermaßen für Dach und Wand geeignet – in Längen von mehreren Metern bereichern die Auswahl. So kann man entscheiden, inwieweit es sich lohnt, anfallendes Regenwasser abzuleiten und als Gießwasser in Behältern aufzufangen.

Das Anbringen von Einzelsitzen ist mit der Individualdistanz der Tauben abzustimmen.

Bodengestaltung

Dringende Aufmerksamkeit gilt dem Boden in der Voliere. Seine Gestaltung will gut überlegt sein, denn sie sollte bei belatschten Rassen anders sein als üblich. Auch werden die Pflegeleistungen den zumutbaren Ausschlag geben. Eine massive **Betonfläche** mit Gefälle zum installierten Bodenablauf mit Kanalisationsanschluss befriedigt höchste Hygieneansprüche, wenn der Kot dort nur zeitweise lagert. Inwieweit **Gitterroste** – aus Kunstsoff oder Metall und Holz in Spaltenbodenbauweise – obendrein den Lebensraumkomfort optimieren, hat jeder selbst zu entscheiden – zum Wohle der Volliereninsassen und ihres gesundheitlichen Dauerbefindens oder im Hinblick auf Erleichterung der regelmäßigen Pflegeleistungen.

Boden-Gitterroste in Hart-PVC-Ausführung in einer mit Kingtauben besetzten Voliere.

Ein naturbelassener Boden in Form einer mindestens spatentiefen Sandschicht auf einem vorbereiteten Kiesfilter wirkt optisch sehr schön. Eine Rasenkultur wird von den Tieren sichtlich gern angenommen, verlangt jedoch kurzen Schnitt sowie eine tiefwirkende Behandlung.

Die Neutralisierung des Bodens und seine Desinfektion kann durch Einsetzen von **Branntkalk** und dem nachfolgenden Umgraben des Bodens erreicht werden. Bei seiner Verwendung ist jedoch größte Vorsicht geboten. Praktiziert wird dieses Verfahren, seitdem es diesen ungelöschten, gebrannten Kalk gibt. Er wurde schon vor einhundert Jahren als Anstrichmasse in flüssiger Form in den Ställen an Wänden und Decke aufgetragen (als „Kalken" bezeichnet).

Aus dem Baumarkt oder landwirtschaftlichen Einkaufsstellen bezogen wird der Ätzkalk, wie er noch genannt wird, auf dem Boden des tierleeren Geheges deckend verstreut und nach einer Stunde reichlich mit Wasser „gelöscht". Die somit entstandene, wärmeentwickelnde Kalkmilch dringt innerhalb weniger Minuten in den Boden ein. Anschließend folgt das Umbrechen. Befindet sich Pflanzenwuchs in der zu behandelnden Fläche, ist er auszusparen, so weit das Wurzelwerk reicht. Aufgrund der ätzenden Dämpfe sollte man dabei Schutzkleidung und Gesichtsmaske tragen. Um die Bodenreinheit nachher sicherzustellen, ist ein nochmaliges Einbringen von Wasser unerlässlich. Die in dieser Weise mit Branntkalk vollzogene Desinfektion der von Tieren beanspruchten Flächen wirkt im positiven Nebeneffekt gegen die Übersäuerung des Mutterbodens. Die Gehegenutzung ist nach wenigen Tagen wieder möglich und es kann auch eine frische Einsaat erfolgen.

Bei einer Verarbeitung in flüssigem Zustand ist zu beachten, dass ein Anrühren der Masse stets in der Reihenfolge mit dem Zuschütten des Kalkes in das Wasser zu handhaben ist. 10 kg Branntkalk in 30 l Wasser aufgelöst ergeben etwa 32 l Kalkmilch. Achtung: Die Kalkbrühe sollte man erst umfüllen, nachdem sie abgekühlt ist!

Bodengitterroste aus Metall in einer Voliere mit durchwachsendem Grünwuchs für Strasser.

Eine reichliche **Bepflanzung** außen mit immergrünen Gewächsen und Blumenrabatten werten die Volierenhaltung der Tauben rein optisch auf. Schutz gegen zu nahe kommende Vierbeiner bieten Berberitzen – auch Sauerdorn genannt – ein sommergrüner Strauch mit dreiteiligen Dornen, gelben Blüten und roten, sauren Beeren.

Holzelemente mit dunklen **Anstrichen** mindern die Baukörperwucht, wohingegen weiße oder signalfarbige besonders auffällig wirken. Wer Holzteile vor Unansehnlichkeit schützen will, lässt sich von anfangs attraktiv aussehenden Lasurbeschichtungen nicht blenden, sondern streicht sie mit deckenden, wasserlöslichen Farben.

Der Offenfrontschlag

Von nicht wenigen Züchtern favorisiert ist die Haltung der Tauben in sogenannten Offenfrontschlägen. Die Pflege von Rassetauben unter diesen annähernd umweltfreundlichen Voraussetzungen findet immer mehr Anklang und wird von ihren Befürwortern weiter empfohlen. Sie sind der Meinung, ihren Pfleglingen ausnahmslos Gutes zu tun – ein Argument, das nicht von der Hand zu weisen ist. Ständig von frischer Luft umgeben, erfahren die Tiere obendrein eine natürliche Abhärtung, wie sie sonst in umschlossenen, unzureichend belüfteten Stallungen kaum erwartet werden kann.

Offenfrontschläge mit Freifluggelegenheit kommen der natürlichen Taubenhaltung sehr entgegen.

Offenfrontschläge bestehen aus einem möglichst nach Südosten ausgerichteten Geviert, das nach oben gegen Niederschläge schützt und an den übrigen drei Wandseiten mit einem Windschutz versehen den Insassen eine trockene und sichere Herberge bietet. Besonders im Sommer ist im Dachbereich für den Abzug der sich bildenden Stauhitze zu sorgen.

In Anlehnung an ihre nichtdomestizierten Vorfahren befinden sich deren Nachkommen in einer nachgeahmten, ähnlich strukturierten Umwelt. Bestückt mit Nistzellen, Ruheplätzen und Laufbrettern sowie den bereitgestellten Versorgungsgefäßen gleicht ein Offenfrontschlag den vorbeschriebenen Traditionseinrichtungen. Massiv-, Sand- und Gitterboden bewähren sich gleichermaßen als hygienisch beherrschbarer Oberbelag.

Das Volumen eines Offenfrontschlags richtet sich nach dem räumlichen Gesamtbedarf eines Taubenpaares multipliziert mit der Anzahl der dort beherbergten Paare. Hierbei sind die aus Innenschlag und Volierennutzung zusammengefassten Bedarfseinheiten zugrunde zu legen.

In Deutschland sind es lediglich Empfehlungen, wohingegen die Tierschutzverordnung der Schweiz vom 1. August 2000 gewisse Mindestanforderungen stellt. Vorgeschrieben ist ein Raummaß für Haustauben in Innengehegen während der Zuchtperiode für das 1. Paar sowie für jedes weitere Paar jeweils 0,50 qm. In Außengehegen, falls kein Freiflug möglich, liegt die Mindestforderung bei 75 % des Innengeheges, für jedes zusätzliche Paar 1,50 qm. Weitere Forderungen sind für das Außengehege eine Mindestlänge von 3,00 m, Mindestbreite von 1,00 m und eine Mindesthöhe von 1,80 m.

Ergänzend wird hierzu bemerkt:

- Die Mindestflächen gelten für die Zuchtpaare und ihre Jungen bis zum Absetzen.
- Bei der Haltung von adulten Tieren außerhalb der Zuchtperiode und von Jungtieren kann die Besatzdichte um 50 % erhöht werden.
- Bei täglichem Ausflug: Fläche Innengehege in qm + 25 %; Außengehege nicht notwendig.
- Bei permanentem Freiflug im ganzen Lichttag: Besatzdichte im Innengehege + 25 %; Außengehege nicht notwendig.
- 0,40 qm für kleine Rassen.
- Das Außengehege ist den ganzen Tag zugänglich.
- Auch im Außengehege müssen dem Alter und dem Verhalten der Tiere angepasst erhöhte Sitzgelegenheiten auf verschiedenen Höhen vorhanden sein.

Diese Haltung mit Freiflug ist eine weitere Möglichkeit, die Rassetaubenzucht interessant und abwechslungsreich zu gestalten.

Freiflug

Was kann es für einen Taubenliebhaber Schöneres geben, als einen kreisenden Taubenschwarm am Himmel zu beobachten, noch dazu, wenn es Tiere aus dem eigenen Schlag sind. Rauschende Schwingen zu erleben, wie ein Buchtitel über viele Seiten hinweg diese Faszination beschreibt, löst mitreißende Ergriffenheit aus.

Abgesehen von Wettbewerben in der Hochflugszene würden viele Rassetaubenzüchter liebend gern ihren Tauben den schier unbegrenzten Freiflug gönnen. Umweltgefahren allerdings wie Verluste durch Greifvogelattacken und andere Einflüsse machen jede Vorfreude schon sehr früh zunichte. Vielleicht lässt sich dieses Ansinnen aber vielleicht doch verwirklichen.

Eigentlich eignen sich sämtliche Rassen dafür, wobei man nicht davon ausgehen kann, sie würden schließlich Ausflüge mit weiten Schleifen unterm Himmel ziehen. Die meisten sind mit einem Flug auf das Hausdach oder gerademal auf den Hof, die Wiese nebenan oder in den Garten zufrieden. Für die Tauben erhöht es die Lebensqualität und ist ein Anreiz, diese Vogelfreiheit zu genießen; für den Halter ist es eine Genugtuung, an dieser grenzenlosen Haltensweise teilzuhaben.

Weil Tauben sich mühelos ansiedeln lassen, kam deren Ortstreue uns Menschen sehr gelegen, auch wenn sie nur einigermaßen erträgliche Überlebensvoraussetzungen vorfanden. Gerade deshalb, weil sie so anpassungsfähig sind und

Tauben im Freiflug erfreuen die Menschen überall dort, wo sie geduldet sind.

von Generation zu Generation sozusagen schrittweise örtliche Gegebenheiten erschlossen haben, eroberten sie bis in die entlegensten Winkel hinein so ziemlich jeden Lebensraum der Erde.

Wenn es die Umweltgegebenheiten zulassen, ist die Freiflughaltung von Tauben grundsätzlich möglich, bestenfalls anzustreben. Merkfähigkeit und Heimfindevermögen sowie ihr genialer Orientierungssinn über mehr oder weniger lange Strecken vereinfachen dieses Haltungssystem.

Gewöhnung an den Freiflug

Bei der Eingewöhnung von Alttieren werden sowohl die Partnertreue als auch die strenge Bindung der Tauben an den Nistplatz sowie die Fürsorge gegenüber ihrer Brut genutzt. So lassen sie sich an eine lokale Unterkunft binden. Das geschieht am einfachsten mit der Anpaarung an einen eingewöhnten Geschlechtspartner. Jungtiere ohne Freiflugerfahrung aus einer fremden Zucht zu gleichaltrigen, in dem Schlag vor Ort geborenen Insassen gesellt, werden nicht zum Problem. Sie überwinden das Unbekannte in der zunächst neuen Umgebung in kürzester Zeit. Ihre Einbürgerung gelingt erfahrungsgemäß buchstäblich „wie im Fluge“.

Bei der Gewöhnung an den Freiflug wirken sich die Regelmäßigkeit der Fütterung sowie der vertraute Umgang mit den Tauben begünstigend aus. Zutraulichkeit endet nicht an der Schlagtür. Die tägliche Begegnung mit ihnen und die individuelle Anrede fördern die Mensch-Tier-Beziehung ungemein in einer Weise, wie die soziale Betreuung unserer Pfleglinge jedes Misstrauen unterdrückt.

Wichtig ist es, den Tauben vor dem Freilassen die Gelegenheit zum Kennenlernen des näheren Umfeldes zu bieten, und zwar in Form eines – wenn auch begrenzten – Ausblicks beispielsweise durch ein Drahtgestell oder einen kleinen Volierenvorbau auf dem Flugbrett, damit sie die am nächsten liegenden Anflugziele ausmachen und

Zur Vorbereitung der Freiflughaltung werden die Tauben mit ihren künftigen Umweltereignissen vertraut gemacht.

sich mit den Umweltgeräuschen wie Verkehrslärm oder Glockengeläut vertraut machen können und dadurch nicht erschreckt und kopflos auffliegen. Auch mit Beweglichem sollten sie konfrontiert werden wie Werbefahnen vom Geschäft im einsehbaren Nebengebäude oder zum Trocknen aufgehängte Wäschestücke, Teppichklopfen, Katzen, bellende Hunde oder spielende Kinder. Beunruhigende Turbulenzen sind es, mit denen sie vertraut zu machen sind. Ein bei der Fütterung ständig wiederholter Lockruf oder ein Pfeifen sind Signale, mit denen sie akustisch verankert sind.

An die pünktliche Versorgung gewöhnt und dem Bruttrieb folgend, werden die hungrigen Tauben beim Freifluggeben sicher auf die Fütterung wartend nur zögerlich den Versuch unternehmen, vom Schlag weit wegzufliegen. Und wenn, dann orientieren sie sich – zwar noch verunsichert – in nächster Nähe doch am Flugverhalten der am Heimatort verbliebenen Schlaggenossen. Letztlich folgen sie ihnen auf dem Weg zurück in die heimatliche Unterkunft. Am ersten Tag versprengte Tiere sind nicht hoffnungslos verloren; irgendwo sitzend halten sie Ausschau nach bekannten Artgenossen, denen sie bald folgen werden – umso mehr freuen wir uns dann auf ihre Rückkehr am Tag danach. Solche unglücklichen Ausflüge sind nicht selten, selbst wenn sie länger dauern.

Grundsätzlich eignen sich alle Taubenrassen für eine Freiflughaltung, die eine mehr, die andere weniger, sofern sie noch ein Flugbedürfnis stillen wollen. In der Regel unternehmen sie keine Ausflüge in große Entfernung. Brieftauben hingegen warten geradezu in Lauerstellung auf das Öffnen des Schlags. Geradewegs stürmen sie hinaus in die scheinbar endlose Weite des Himmels. Und dort, wo der Wanderfalke angesiedelt ist, ist die Verlustrate dann besonders hoch.

Das Feldern

Wer die Absicht hegt, die Freiflieger feldern zu lassen, muss davon ausgehen, dass sie es – sofern sie es nicht gelernt haben – von sich aus nicht tun. Es kommt auf den lokalen Standort der Zuchtanlage an. Grenzen Felder oder Wiesen an das Grundstück, wird es sie früher oder später reizen, dort hinzufliegen. Es ist nicht der quälende Hunger, der sie in die Weite treibt, sie werden von ihrer Neugier getrieben. Soziale Bindungseinflüsse – Nachahmen – regen sie zum Mitfliegen an. Reduzierte, vernachlässigte oder bloß vorübergehende unpünktliche Fütterungszeiten motivieren sie nach fündig gewordenen Ausflügen umso mehr, sich an interessant erscheinenden Nahrungsquellen niederzulassen, um dort nach Futter, vor allem nach Magensteinchen zu suchen. Nach Wiederholungen werden Freilandbesuche bald zunehmend häufiger. Wahlweise sind übersichtliche Fluren bevorzugte Quellen. Wegen der Gefahren vom Land her – aber auch von oben durch Greifvögel – meiden sie Vegetationsflächen mit höherem Pflanzenbewuchs.

Abgesehen von solchen Gefahren ist das Feldern nicht ungefährlich. Saatgutbeizung, Mineraldüngung und der Einsatz von Vertilgungsmitteln gegen Unkräuter und dergleichen sind einzukalkulierende Risiken.

Dafür werben frei fliegende Tauben für die Rassetaubenzucht dort, wo sie in kritikloser Haltung Vorbildlichkeit verkörpert. Sie wendet – obschon betroffene Züchter aus populären Gründen dazu gezwungen worden sind – vom mit Argwohn gekennzeichneten Eingesperrtsein ab. Tauben sind gelehrig und lassen sich mit dem Üben von Regelmäßigkeiten lenken. Wenn sie an bestimmte Fütterungszeiten gewöhnt, also etwas hungrig sind, vagabundieren sie nicht von Hausdach zu Hausdach oder suchen Plätze auf, wo sie nicht gern gesehen sind und schon gar nicht geduldet werden.

Der Angriff des Habichts war erfolgreich.

Beutegreifer aus der Luft

Es liegt noch nicht einmal so lange zurück, da wurde in den Schulbüchern zwischen nützlichen und schädlichen Vogelarten unterschieden. Den zu dieser Zeit als Raubvögel bezeichneten Beherrschern der Lüfte wurde hingegen schon damals großer Respekt beigemessen. Mittlerweile sind Vögel mit gewissen Auflagen mehr oder weniger ausnahmslos unter Schutz gestellt. Dazu gehören aus des Taubenzüchters Sicht auch die räuberischen Greifvögel. Solange Geflügelhaltung und Taubenzucht betrieben werden, bedrohen sie – regional sehr unterschiedlich darauf Einfluss nehmend – die Federtierbestände. Dort, wo sie jetzt durch Überpopulation stark überhandgenommen haben, beschränken sich die Rassetaubenzüchter schadenbegrenzend zwangsläufig auf die Haltung ihrer Tiere in Volieren. Habicht, Sperber – seltener, weil nicht so häufig, der Wanderfalke – machen den Luftraum so unsicher und gefährlich wie nie zuvor. Bei einem Verlust handelt es sich wohl immer um das beste Tier, als wüssten sie Bescheid wie ein Preisrichter. Zumindest empfinden es gegenwärtig die Betroffenen so.

Nicht jeder mit Federn bedeckte Flugkörper ist gefährlich – ein harmloser Milan fügt den Taubenbeständen keinen Schaden zu.

Man kann sich praktisch nicht gegen Greifvogelangriffe wehren, noch dazu sich die Gilde der Rassegeflügelzüchter samt der Spezialverbände in ihren aus der Gründerzeit stammenden Satzungen ausdrücklich zum Natur- und Vogelschutz bekennen. Wenn auch vertrauenerweckend, doch eher als Durchhalteparole verstanden ist die kaum nachprüfbare Statistik, dass 86 % der Greifvogelattacken im Leeren enden. Dennoch sind die Taubenhalter verunsichert. Brief- und Hochflugtaubenzüchter sind mittlerweile in unerträglichem Maße davon betroffen. Sie sind am resignieren. Nirgendwo finden sie Verständnis für ihre Bedenken. Wenn die Vogeljäger für sich erst einmal ein Jagdgebiet erschlossen haben, kommen sie – je nach vorangegangenem Jagdglück – bei ihren Rundflügen täglich zu Besuch. Haben sie selbst Junge zu versorgen, sogar mehrmals am Tag.

Es leuchtet ein, dass schwerfällige Taubenrassen eher Opfer werden als leichte. Flugtüchtige Feldtaubentypen reagieren auf Greifvögel in der vertrauten, gewohnten Umgebung flink und ausweichend. Dabei scheint die Farbe ihres Federkleids eine Rolle zu spielen: Je heller es gezeichnet ist, umso früher werden sie angegriffen.

Im Freiflug bewährt

Vorzüglich bewähren sich Felsentauben im Freiflug. Sie bieten den Greifvögeln einigermaßen Paroli. Ihr erstaunliches Reaktionsvermögen, ihre angeborene Flugtechnik, die Wendigkeit, wie sie in alle Richtungen nach der Seite, nach oben und unten schwenken, sichert ihnen im Zusammenleben mit Greifvögeln das Dasein. Wenn junge Felsentauben vorerst in der Voliere zurückgehalten werden und ihnen erst nach der Mauser ein Freiflug erlaubt wird, sind sie später auf das Überleben in der weiten Welt ebenso gut vorbereitet.

Unbeschadet flogen beim Autor zusammen mit Felsentauben Mischlinge gezogen aus Felsentauben und hellgestorchten Wiener Hochflugtümmlern. Fast weiß, so hell wie die Wiener gezeichnet und ausstaffiert mit der von den Haustaubenahnen ererbten Statur, standen sie mit ihren fliegerischen Fähigkeiten den so unterschiedlichen Eltern um nichts nach. Das war einer ihrer Vorzüge, um den Greifvögeln zu entkommen.

Ähnlich gewandt und in von Greifvögeln dicht besiedelten Regionen überlebensstrategisch verhaltend, erweisen sich Feldflüchter – eine eigenständige, ohne mit einer Musterbeschreibung bedachten Rasse, wie sie noch vor 60 Jahren in den Ortschaften Mitteldeutschlands ganze Landstriche bevölkerte. Zusammen mit Raben- und Saatkrähen fielen sie zeitweise im Herbst und schneefreien Winter auf den Ackerflächen ein, um dort nach Nahrung zu suchen. Nostalgischen Schilderungen eines Autors aus Thüringen entnommen, gelingt es diesen bodenständigen, den Vorfahren nacheifernden Tauben dort wie eh und je noch, Angriffen aus heiterem Himmel zu entfliehen.

STARTAUBEN

Ein nachahmenswertes Beispiel ist die Freiflughaltung von Tauben im Wissenschaftlichen Geflügelhof des Bundes Deutscher Rassegeflügelzüchter. Das Bruno-Dürigen-Institut – 2004 eröffnet – befindet sich im Rhein-Neuß-Kreis in Rommerskirchen-Sinsteden. Wissenschaftler und angehende Doktoranden forschen dort an Rassegeflügelarten. In einem frei stehenden Taubenkobel züchten sie Startauben. Gehörend zur Gruppe der Farbentauben erfreuen sie sich am uneingeschränkten Freiflug selbst und schließlich die erstaunten Besucher in dieser so interessanten akademisch geleiteten Einrichtung. Die Verluste von Tauben durch Greife halten sich in Grenzen.

Startauben, vor langer Zeit in Badener Landen entstanden, werden von ihren Züchtern gern Heckenspringer genannt, und zwar deshalb, weil das Flucht- und Flugverhalten dem der Felsentauben ähnelt. In Hunderten von Jahren mit natürlichen Gefahren in Gebieten entlang des Oberrheins konfrontiert, haben sie überlebensmutig ihren eigenen Flugstil entwickelt. Bei täglichen Aufenthalten während der Futtersuche an Feldrainen und Ackerflächen zwischen den von Hecken geprägten Randzonen des badischen Nordschwarzwalds blieb ihnen nichts weiter übrig, als sich anzupassen. Eigentümlich gefärbt, vom Wesen her sehr distanziert, scheu, wachsam und flüchtig entfliehen sie elegant ihren gefährlich werdenden Widersachern.

Frei fliegende Startauben im Wissenschaftlichen Geflügelhof des BDRG.

So negativ das überzählige Auftreten von Raben-, Saat- und Nebelkrähen in unseren Breiten eingestuft wird, wirken sie gegenüber Greifvögeln sehr heftig und abweisend. Lautstark kreischend attackieren sie ihre Feinde, weniger während ihrer Orientierungsflüge, dafür umso auffallender mit direkten Angriffen an deren Späh- und Luderplatz. Scheinbar von der schwarzen Farbe und den wirbelnden Flugwendungen beeindruckt, meiden die Greifvögel gegenwärtig dunkle Taubenvertreter. Das haben Halter bei ihren im Jahr 2004 anerkannten frei fliegenden einfarbig schwarzen Glanztauben beobachtet. Hier ist die glattköpfige Variante – eine Parallele zur spitzkappigen – in besonderem Vorteil. Es heißt, Silhouette, Flugbild und die massiv reflektierende Farbe der Glanztauben bewirken einen einschüchternden „Rabeneffekt“. Von dieser natürlichen Greifvogelabwehr profitieren offensichtlich benachbarte Brieftaubenzüchter, die seither weitaus weniger Verluste durch Greife vermelden.

Wer Freude an frei fliegenden Tauben hat, sollte bei einigermaßen erträglicher Verlustrate nicht gleich resignieren. Absolut wirksame Abwehrmittel hat die Zubehörbranche nicht anzubieten. Der Erwerb von Fallen wäre zwar möglich, ihr Einsatz jedoch eine bestrafbare Handlung. Bleiben also nur unterschiedliche, nicht regelmäßig festgelegte Freiflugzeiten als bescheidenes Mittel der Abwehrstrategie, den Feinden aus der Luft auf diese Weise den Appetit zu verderben.

WEITERE GEFAHREN AUS DER LUFT

Mittlerweile haben Krähen und Elstern die Scheu vor den Menschen überwunden. Sie gehören zum Ortsbild wie Amsel, Drossel, Fink und Star. Ihr früherer Lebensraum ist nicht mehr nur auf die Randzonen von Wald und Flur beschränkt. Menschensiedlungen haben sie erschlossen, ebenso öffentliche Plätze; an Futterstellen in dichter Nähe zum pulsierenden Stadtverkehr sind sie gewöhnt. Deshalb bedeuten sie bei Freiflughaltung der Tauben eine Gefahr, weil diese intelligenten Rabenvögel sogar in Taubenschläge eindringen und die Nester plündern.
Ein- und Ausflüge, wie sie in Brieftaubenhaltungen installiert sind, erweisen sich an dieser Stelle als außerordentlich wirksamer Schutz vor solchen Beutezügen.

Gefahren durch Vierbeiner

Wenn nachts der Marder seinen vernichtenden Triumphzug hält, wird er im Stall kein Tier am Leben lassen. Dies ist nicht nur peinlich, weil es auf gewisse Unachtsamkeit zurückzuführen ist, sondern der große Verlust ist obendrein mehr als schmerzlich. Nachempfinden können das wirklich nur Betroffene. Es ist ein herber Rückschlag in der Zucht. Wie schnell ist eine so entstandene Lücke zu schließen? Da helfen auch Rachepläne nicht, den Eindringling mit Fallenstellen dem Garaus zu machen. Freilich bietet der Handel Gerätschaften für das Fangen an, aber erlaubt ist es nicht jedem – nicht einmal dem Grundstückseigentümer. Solange das Schlupfloch nicht verschlossen ist, wird einer aus seiner eifernden Gefolgschaft bald wiederkommen und ihn ablösen.

Ein wirksamer Schutz vor Vierbeinern ist unentbehrlich.

Auf diese doch so natürliche Weise geschädigte Taubenhalter suchen dann nach offenen, noch nicht ausgemachten Stellen in Schlag und Voliere und stehen vor einem Rätsel: Wo ist der blutrünstige Vierbeiner hereingekommen? Einen Einlass zu finden, wird sehr schwierig sein. Abgesehen von

Wiesel und Iltis gelingt es Mardern durch Öffnungen ab 4 x 4 cm Größe hindurchzuschlüpfen. Sie kommen genauso über das Dach oder klettern an den Drahtwänden hoch. Es fällt ihnen nicht schwer, das Dacheindeckungsprofil zwischen den Befestigungen anzuheben und durchzukriechen – vorausgesetzt, sie wissen einen möglichen Ausweg. In eine solche Falle geraten sie nicht.

Steinmarder, einst nur in landwirtschaftlichen Anwesen zu Hause, sind ähnlich der viel größeren Füchse und Wildschweine neben den längst angesiedelten Wildkaninchen in den Ballungszentren der Menschen zu Kulturfolgern geworden. Sie lassen sich in der Nachbarschaft am helllichten Tage beim Sonnen beobachten. So zutraulich sie auch geworden sind, bleiben sie zwar gefährlich, genießen aber trotzdem den Schutz des Gesetzes. Es macht sie in ihrem Wesen so sicher, dass sie im Widerspruch zum freien Fallenerwerb nicht von jedem, der sie vertreiben, das heißt woanders aussetzen will, gefangen werden dürfen.

Solche strafbaren Vergehen sind beileibe auch nicht anzuraten; denn wo Marder sind, gibt es keine Ratten! Und die sind bei zunehmender Tendenz weitaus unangenehmer. Wo eine Ratte ist, sind noch 50 andere! Ein Marderfang mit anschließender Auswilderung, irgendwo in der Ferne, ist ohnehin sinnlos, weil der ausgeschiedene Vierbeiner alsbald durch einen Nachfolger ersetzt wird. Die Natur ist schnell entschlossen, Lücken zu schließen.

Ein auskragendes Metallgitter schützt davor, dass Feinde auf das Dach klettern können.

Es sollte weder an Aufmerksamkeit und schon gar nicht an Ehrgeiz des Taubenhalters fehlen, seine Tiere sicher zu beherbergen und demgemäß die Umzäunungen und die Drahtwände der Volieren zu kontrollieren sowie die Zugänge zu den Stallungen abzudichten. Wildtierschutz sollte uns aus vorgenanntem Grunde doch am Herzen liegen, selbst wenn Marder und Füchse sehr grabtalentiert und gelegentlich auch Dachse nicht abzuwehren sind. Dort, wo die Absicherungen – stabiles Drahtgewebe und Fundamente – nicht weit genug in das Erdreich hineinführen, sind das schon mal durchdringbare, zum Graben einladende Schwachstellen.

Nicht ganz so brutal raubwildernd, dafür permanent zu jeder Tageszeit, bedrohen Katzen die Geflügel- und Taubenbestände. Haustier Katze wird – mit Ausnahmen – nie eine zahme Partnerschaft mit der Vogelhaltung eingehen, es sei denn, sie fristet als eingesperrter Stubentiger ein inhaftiertes Dasein in der Wohnung. Als talentierte Vogelfangspezialisten haben Katzen das Nachstellinteresse auf fliegende Beute statt auf Ratten- und Mäusejagd verlegt. Wo diese Schmusetiere überhandnehmen und nicht durch Kastration der Vermehrung Einhalt geboten wird, leidet die Vogelwelt gewaltig, da in ihrem Aktionsradius Jungvögeln kaum noch der Flug in das Leben gelingt.

Zum Schutz der Tauben sind also Sicherungsmaßnahmen vorzusehen; stromführende, den Elektrozäunen ähnlich, sind zur Abwehr ein probates Mittel. Wer den Tauben Badewasser im Freien anbietet, sollte den Behälter katzensicher erhöht aufstellen und, falls direkt auf dem Boden, dann nicht in der Nähe von Büschen, wo Katzen bis zum schleichenden Angriff in Deckung gehen können.

In der Nähe stehende Gehölze werden mit einer Manschette ummantelt. Sie sind nur wirkungsvoll gegen eindringende Krallen, wenn sie aus Metall oder Hart-PVC angefertigt sind.

Noch ein Hinweis zum Umgang mit den aus dem Fachhandel bezogenen Tierfallen: In übereinstimmenden Jagdgesetzen der Länder ist eindeutig festgelegt, inwieweit auch durch Grundstückseigentümer nach Einbrüchen durch Beutewild in die eigenen Tierbestände zur Schadensbegrenzung ein Wegfang gehandhabt werden darf. Da heißt es: „Wer die Fangjagd ausübt, hat Verfahren zu wählen, die dem zu fangenden Wild keine vermeidbare Schmerzen und Leiden zufügen und Gefahren für Menschen und nichtjagdbare Tiere gering halten. Bei der Jagd mit Fanggeräten sind Geräte zu verwenden, die unversehrt lebend fangen oder sofort töten. Fanggeräte dürfen nur verwendet werden, wenn sie ihre Funktion zuverlässig erfüllen. Die Jagd mit Fanggeräten darf nur von Personen ausgeübt werden, die an einem anerkannten Ausbildungslehrgang für die Fangjagd teilgenommen haben."

Wer sich über diese Anordnung hinwegsetzt, muss mit Bußgeldern in beträchtlicher Höhe rechnen. Die wirksamste Abwehr ist also doch, der Sicherheit vor Ort nachzugehen, die Schutzumzäunung ständig im Auge zu behalten und sie hin und wieder zu überprüfen – ihren Insassen zuliebe.

Grundlagen der Taubenzucht

Die Haltung von Tauben in einem Kobel wird von ihren Liebhabern praktiziert und ist ein attraktives Werbemittel für die Taubenhaltung.

Wer Freude an Tauben der Geselligkeit wegen hat, muss nicht züchten, sie sozusagen nicht nach dem Regiment des Menschen verpaaren. Als Ablenkung von den mancherorts in den Blickpunkt geratenen Stadttauben empfiehlt es sich dennoch, Kontrolle walten zu lassen, mit Rücksicht auch auf die Mitmenschen, denen liebgewordene Tugenden ein Dorn im Auge sein können. Und des Friedens willen: Das gutnachbarliche Auskommen miteinander zu pflegen, setzt doch eine gewisse Rücksichtnahme voraus. Übermäßig viele Tauben zu beherbergen, lösen bei Nachbarn nicht selten Unbehagen aus.

Dem geborenen Taubenzüchter ist die Beschäftigung mit den Vögeln im Haustierstand in die Wiege gelegt worden. Wie anderen Menschen beispielsweise die Neigung zu sportlichen Aktivitäten liegt ihm die Nähe zum Federtier am Herzen. Er wird die Freude an der Anwesenheit der Tauben, an ihrem Flug, der Fortpflanzung und Aufzucht haben und sich vielleicht auch an der Schmackhaftigkeit eines Taubenbratens erfreuen. Mit dem Vermehren sind Erwartungen verbunden, ihre Erfüllung mit Hoffnungen – Zeit und Ansprüche entscheiden, welche Zielrichtung eingeschlagen wird.

Zuchtbuchführung

Wer schreibt der bleibt, lautet die Devise eines jeden Rassetaubenzüchters, dem am züchterischen Weiterkommen seines Zuchtstammes gelegen ist. Sein Erinnerungsvermögen wird über Taubengenerationen hinweg nicht ausreichen, um wichtige Informationen im Gedächtnis chronologisch zu speichern. Demnach gehört mit dem Beginn einer Rassetaubenzucht das Festhalten von Vorkommnissen

Ohne züchterische Absichten wird die Taubenhaltung in einer solch schmucken Anlage zur abwechslungsreichen Freizeitbeschäftigung.

in dem sogenannten Zuchtbuch. Vielfältige Besonderheiten sind es, die an den Tauben von ihrer Geburt an bis hin zum Erwachsensein festgestellt werden und einzutragen sind. Bemerkenswert sind ihre individuelle Entwicklung, ihr Verhalten und nicht zuletzt ihr Erscheinungsbild, orientiert an vergleichbaren Attributen, an denen sie nach Vorgaben der Musterbeschreibung gemessen werden.

Weil die Natur nicht nur seltsame Wege geht, sondern sich in vielerlei Richtungen zur Wehr setzen wird, kann Niedergeschriebenes auf dem Wege der Ursachenergründung später zur aufschlussreichen Lektüre werden. Da sind es Zeichnungsmängel, Fehlen von Daumenfedern bei Rassen, bei denen sie verlangt werden, das Auftreten von Wechselschwingen, wenn es mehr oder weniger als zwölf Schwanzfedern sind und – um noch ein Beispiel anzuführen – wenn anstelle von zehn Handschwingen nur neun vorhanden sind oder eine mehr sich eingeschlichen hat. Gebrochene Augen vererben sich genauso hartnäckig. Wenn überwachsende Oberschnäbel in Erscheinung treten, sind sie auszumerzen.

Aus solchen Aufzeichnungen wird der Züchter, wenn er in seinem Zuchtbuch alles Dokumentierte zurückverfolgt und künftige Resultate lenken möchte, Schlüsse ziehen. Deshalb: Wer die Zukunft meistern will, muss die Vergangenheit kennen. In Zeitsprüngen von zehn und mehr Generationen würde er sich an genaue Einzelheiten nicht mehr erinnern. Aus Schaden wird man klug, wie es heißt. Und davor sollte sich jeder bewahren, der die Absicht hat, ernsthaft Rassetaubenzucht zu betreiben.

Sinnvoll ist es, ein aus einzelnen Blättern bestehendes Zuchtbuch anzulegen, auf denen die in Fortsetzung folgenden Merkmalserscheinungen der jeweiligen Eltern notiert und wiederum von Generation zu Generation nachvollziehbar werden. Das Zurückblättern wird dann Aufschluss darüber geben, wann Tiere aus einer fremden Zucht eingestellt wurden oder ein anderer Farbenschlag eingekreuzt worden ist. Und der Züchter wird beim Nachlesen staunen, wo ein dunkler Nackenfleck im weißen Gefieder bei einer Taube wieder auftaucht, der größengleich an derselben Stelle vor vielen, vielen Jahren bei einem Vorfahre aufgetreten war. So kann das Zuchtbuch zum visuellen Nachschlagewerk werden.

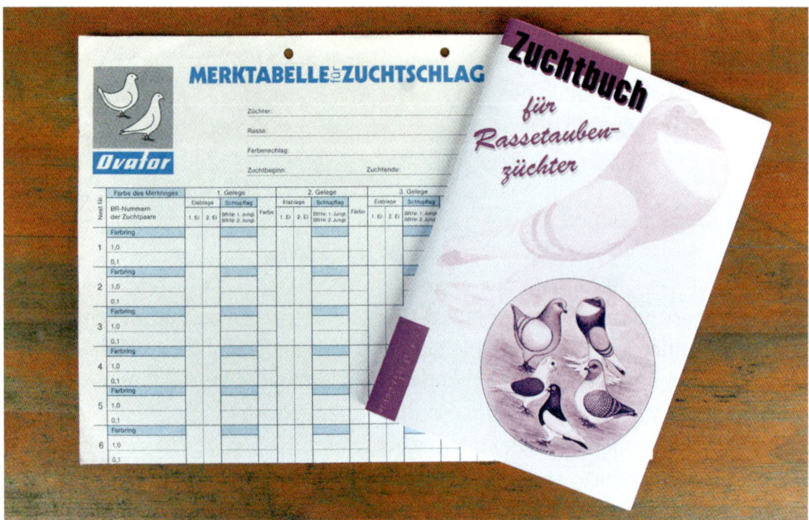

Nur wer die Vergangenheit kennt, weiß die Zukunft zu meistern. Eintragungen in einem Zuchtbuch lassen Besonderheiten nicht in Vergessenheit geraten.

Aber auch Anfälligkeiten gegenüber Krankheiten wird man registrieren, vielleicht auch Unzulänglichkeiten im Hinblick auf das Verhalten von rabiaten Täubern, die es darauf ankommen lassen, den Casanova zu spielen und in den Brutzellen der Nachbarn als randalierender Störenfried auftreten. So kann man sich gegen negative Charaktereigenschaften – von Generation zu Generation im Zuchtbuch beschrieben – durch Ausmerzen wehren.

Derartige Eintragungen erfüllen einen Sinn bei dem Züchter, dem daran gelegen ist, auf lange Sicht einen sogenannten durchgezüchteten Stamm zu festigen. Ein fundamentales Unterfangen wird mit guten Erfolgsaussichten belohnt. Auf Dauer gesehen sind hierbei zehn und viele Jahre hinzuaddiert nur ein kleiner Zeitabschnitt, aber ein sicherer Weg, das absolute Ziel zu erreichen.

Gerade weil es höchstwichtig, eigentlich unerlässlich erscheint, zum augenblicklichen Zuchtgeschehen aktuelle Aufzeichnungen vorzunehmen, reichen vorerst Notizen auf kleinen, an den Nistzellen angebrachten Zetteln aus. Darauf werden Nummer der Nistzelle, Legedatum und die Ringnummer geschrieben und nachher auf eine Stammkarte eingetragen bzw. im Computer zum Speichern übertragen.

Eine ehrgeizige Parallele zum privat geführten Zuchtbuch ist das reaktivierte, offiziell 1947 vom BDRG-Fachverband ins Leben gerufene „Zuchtbuch für Leistungsfragen (jetzt mit dem ergänzenden Zusatz) und zur Erhaltung der Rassen". In seiner Aufgabenstellung schreiben der BDRG, die Dachorganisation der deutschen Rassegeflügelzüchter, sowie die Landesverbände jeweils alljährliche Wettbewerbe aus. Mit jährlicher Ausgabe von Stallplaketten „Anerkannte Zucht im Zuchtbuch für Leistungsfragen im BDRG" erfahren die Züchter eine besondere Würdigung.

Rassetaubenzucht contra Urlaubsvergnügen

Es ist durchaus kein undurchführbares Unternehmen, als Rassetaubenzüchter in den Urlaub zu fahren. Nur sind eben Vorbereitungen zu treffen, die gut durchdacht sein müssen. Schließlich soll die Rassetaubenzucht eine der schönsten Nebensachen der Welt bleiben und nicht in Stress ausarten. Und schließlich braucht der Mensch ganz einfach die Zeit zum Erholen, um einmal über den eigenen Tellerrand hinwegzuschauen.

Der planende, vorausschauende Rassetaubenzüchter kennt die Schautermine, weiß die Anpaarung darauf abzustimmen und lässt die Tiere terminlich mit geringem Spielraum entsprechend brüten. Gedacht, geplant – ob es funktioniert, das ist hier die Frage. In jedem Falle wird man sich mit einem Partner absprechen, der wenigstens nach dem Rechten schaut. Er hat die gesamte Taubengesellschaft im Blick, muss sie tränken und füttern nach einem festgelegten Fütterungsplan und vielleicht auch Ringe aufziehen. Rechtzeitig eingewiesen wird auch bald bei ihm jedes Handanlegen zur Routine. Wohl dem, der einen versierten Zuchtfreund zur Seite hat und sich auf ihn verlassen kann.

Voraussetzung ist, die Terminfolge des Brutrhythmus, mit der Anpaarung beginnend, bis zur ersten Eiablage, Brut und der Folgegelege zu kennen. Dies funktioniert aber nur, wenn das Zuchtgeschehen störungsfrei abläuft. Grundbedingung sind also gut vorbereitete, gesunde Individuen. Und für den Züchter selbst von besonderer Wichtigkeit sind die aktuellen Eintragungen ins Zuchtbuch mit dem Legedatum und somit nachvollziehbaren Schlupfterminen.

Informationen für die Urlaubsvertretung vermeiden Unsicherheiten bei der Versorgung und Betreuung der Tauben.

Die Versorgung ist kein Problem; das Tränken sowieso nicht und die Fütterung auch nicht bei Kropftauben. Gewiss ist es eine Frage der Gewohnheit, den Tauben „Standfutter“ zu reichen. Die Befürchtung vor Verfettung wird sich in den zwei bis vier Wochen der Abwesenheit kaum bestätigen. Allerdings muss man wissen, ob die eigenen Tauben nun in dieser überflussreichen Situation noch ihre Jungen füttern. Wenn sie in einem Alter sind, in dem sie bei vorgezogener Zellenfütterung vielleicht schon selbstständig die Nahrung aufnehmen, wäre das von Vorteil.

Bei Standfutter könnte nach Erfahrung der üblichen Zusammenstellung Gerste beigemischt werden, die eine Verfettungsgefahr erheblich reduziert. Freilich wird der Trog oder das Kleinsilo erst dann nachgefüllt, wenn die Behälter restlos geleert sind. Wollen Kropftaubenzüchter dem Standfutter entgehen, sind elektrisch regelbare Futterautomaten zu empfehlen. Wohldosierte Rationen werden über Zeitrelais gesteuert dann in die Raufe geschüttet, und zwar so, wie die Fütterung vom Züchter sonst selbst gehandhabt wird: keine Minute früher, keine später, kein Gramm mehr oder weniger.

Über einen Stromanschluss lässt sich schließlich die Stallbeleuchtung in Anpassung der Tageslänge einstellen, falls künstliches Licht erforderlich wird. Fällt der Urlaub in den späten Winter oder das zeitige Frühjahr und kalte Nächte könnten das Trinkwasser oder spärlich befiederte Jungtiere durch Minusgrade gefährden, schaffen Tränkenwärmer und heizbare Nistschalen Abhilfe.

Wenn die Tauben über den Urlaubszeitraum des Pflegers nun nicht jeden Tag frisches Wasser bekommen, ist das keineswegs lebensbedrohlich. Stehendes

Trinkwasser ist der Gesundheit nicht abträglich, wenn es sauber bleibt. Daher sollte der Wasserbehälter vom Schlagboden entfernt, also weit über dem Fußboden platziert werden, damit sich durch das Auffliegen der Tauben auf dem Wasser kein aufgewirbelter Staub ablagert. Das Trinkwasser wird auch über die vorübergehende Standzeit nicht schlierig, wenn man ihm den handelsüblichen Neutralisator zusetzt, den es in gut sortierten Drogerien oder Apotheken zu kaufen gibt (Näheres dazu später).

Die Versorgung wäre also sichergestellt. Fingerspitzengefühl verlangt das Beringen (siehe auch Seite 110ff.). Hier wird man den Hilfs- oder Ersatzpfleger frühzeitig einweisen und mit praktischer Übung darauf vorbereiten müssen. Die Ringe werden am besten auf einen dünnen Draht aufgezogen und an besagter Nistzelle einzeln oder paarweise deponiert. Alternativ kann der gesamte Bedarf im Schlag oder davor aufbewahrt werden. Nach der Rückkehr können die Daten dann in das Zuchtbuch übertragen werden.

Es ist hilfreich, wenn an den Schlagtüren Regie- und Futterpläne mit Dosierangaben, Vormerkungen für Beringungstermine und Hinweise für die Bereitstellung des Badewassers übersichtlich angebracht werden.

Wer Tauben im Freiflug hält, muss sich darauf verlassen können, dass die Flugöffnungen zuverlässig verschlossen und wieder geöffnet werden, sofern es nicht automatisch gesteuert erfolgt.

Wer nicht geübt ist, sollte nicht mit therapeutischen Aufgaben betreut werden, wie die Durchführung von Kuren oder die Verabreichung von Medikamenten.

Nicht jeder eignet sich für die Urlaubsvertretung. Am besten ist es, wenn man einen befreundeten Rassetaubenzüchter darum bittet, noch dazu, weil man sich in so einem Fall revanchieren könnte. Vergessen sollte man auch nicht, die Telefonnummer zu hinterlassen, um im Zweifelsfall bei Fragen oder einem Notfall erreichbar zu sein.

Beschaffung der Tauben

Als die Taubenhaltung sogar in den Großstädten noch weit verbreitet war und florierte, war es unschwer, in ortsansässigen Taubenhandlungen Tauben zu kaufen, zu tauschen oder zur Weitervermittlung anzubieten – für uns begeisterte Jungzüchter damals ein beliebter Aufenthaltsort. Dort trafen sich Jung und Alt. Groß war der Zuspruch dieser Geschäfte früher.

Solche Beschaffungsmethoden sind heute weder üblich noch anzuraten; schließlich kommt es auf die Herkunft der Tauben an. Wer kauft schon gern eine Katze im Sack, wie es heißt? So wird der angehende, vom Taubenliebhaber zum Züchter strebende Anfänger sich vermutlich dort Rat einholen, wo er den

Rassevögeln begegnet. Das wird bei Tierschauen, Geflügelausstellungen und an Orten sein, wo um die Gunst von Interessenten geworben wird. Vielleicht will es auch der Zufall, dass Fotos in Fachzeitschriften und Journalen gewisse Neugier auslösen oder gar fesselnde Fernsehberichte die Vielfalt der Rassetaubenzucht in Szene setzen.

Auf Empfehlung wird ein an der Rassetaubenzucht Interessierter oder eine daran Interessierte einen versierten Züchter aufsuchen und bei ihm Einblick nehmen. Als Neuling ist man gut beraten, jemanden zu treffen, der erfahren ist und züchterische Erfolge nachweisen kann – und dem man vertrauen kann. Haben wir in ihm einen weitsichtigen Partner gefunden, wird er bemüht sein, seine Zucht fortsetzend in zuverlässigen Händen zu wissen.

Wer das Kapitel über die Felsentauben zuerst gelesen hat, wird wissen, weshalb die Erstschlagbesetzung günstigenfalls mit drei und nicht nur mit zwei Paaren erfolgen sollte. Mit dieser Anzahl oder mehreren Paaren sollte man eine Zucht anfangen.

Leichter haben es Unerfahrene, wenn sie zu Anfang – und auch noch danach – von einem versierten Zuchtfreund begleitet werden. Wer einen erfahrenen Züchter zur Seite hat, wird bei der Anschaffung – um anbahnende Inzuchtschäden zu minimieren – den Einstieg in die Zucht mit Tieren aus zwei verschiedenen Zuchten beginnen, im Idealfall mit zuverlässigen Zuchtpaaren, also Paaren, die Erfahrung mit Brut und Aufzucht haben, auch wenn sie älter und teurer sind.

Böhmische Flügelschecken sind eine sehr anspruchsvolle Taubenrasse.

Budapester Kurze Tümmler stellen keine großen Ansprüche an ihre Unterbringung.

Lockentauben sind pflegeleichte und sehr zuchtfreudige Strukturtauben.

Show Antwerp sind Formentaubenvertreter mit einer eigentümlichen Vergangenheit.

Später dann, wenn der Bedarf an „frischem Blut“ oder die Aufstockung des Kontingents an Zuchtpaaren gedeckt werden soll, besteht die Auswahl an ausgewachsenen Jungtieren am besten im Herbst bei Besuchen von Ausstellungen.

Die Begutachtung

Erfolgt der Zukauf bei einem Züchter, wird er die Tauben an Ort und Stelle abholen. Erfahren wie er ist, verläuft die kritische Beurteilung eines Tieres routinierter. Der erste Eindruck ist stets der beste; Souveränität unter seinesgleichen zeichnet ihn aus. In die Hand genommen, sozusagen unter der Lupe betrachtet, entgeht dem Kennerblick nichts, was von Bedeutung ist:

Der ausgebreitete Flügel lässt erkennen, wie weit die Mauser fortgeschritten oder bereits abgeschlossen ist. Wie viele Handschwingen und Steuerfedern sind vorhanden? Werden Parasiten auffällig, ist das Aftergefieder sauber, das Brustbein gerade und welche Farbe hat beiderseits davon das Brustfleisch? Wo es auf Kopfattribute ankommt, fällt der Blick auf dessen Form, Stirnbreite, Schnabelwinkel und die Augen sowie deren Ränder. Wie ist die Beschaffenheit der Nasenwarzen? Wichtig ist der Rachen; eine Riechprobe verrät, ob es Anzeichen von Gelbem Knopf gibt. Wenn am Haubenabschluss eine Rosette verlangt ist, gehört auch sie kontrolliert.

Außerdem sind von Interesse das verabreichte Futter, (Vorsorge-)Kuren und Impfungen. Trägt das Tier einen BR-Ring mit der richtigen Größe? Vielleicht liegt vom Tier eines älteren Jahrgangs noch eine Bewertungskarte vor – wäre es doch aufschlussreich, was ein Preisrichter bemängelt oder welche Vorzüge er erkannt hat.

Es versteht sich von selbst, die Neuerwerbung nicht sofort in den Bestand zu setzen. Der Neuzugang wird von den anderen Tieren isoliert in einen Dressurkäfig gesetzt und dort einige Tage beobachtet. Beim Kot wird nach Auffälligkeiten geschaut. Wer ganz sichergehen will, lässt den Kot mittels einer Probe in einem Labor untersuchen. Zur oder nach der Verpaarung kann die Taube dann in den Schlag einziehen. Zuvor werden im Zuchtbuch eingetragen, woher sie stammt, die Ringnummer und welchen Partner sie bekommen hat.

Das Taubennest – Mittelpunkt des Taubenlebens

Im Hort der Geborgenheit – dem Nest – kommen sie als Nesthocker zur Welt: die Taubenküken. Sie werden bis zum Ausfliegen von Vater und Mutter versorgt, von einer typischen sogenannten Elternfamilie.

Im Umgang mit den wunderbaren Vorgängen in der Taubenhaltung wie auch der Rassetaubenzucht steht das Nest im besonderen Blickpunkt. Seine internen Details sind von großem Interesse. In der Haltung allgemein und im Besonderen des Zuchtverlaufs wird dort entschieden, ob die Bilanz am Ende des Zuchtjahres von Erfolg gekrönt sein wird.

Das Nest ist für die jungen Tauben ein Hort der Geborgenheit.

Eigentlich sollte man annehmen, das Nest ist ein nicht so wichtiges Thema. Immerhin weiß der Züchter, wie es aussieht, und zumindest, wie es beschaffen sein soll. Der eine verlässt sich hierbei auf die Bereitstellung von kistenförmigen Eigenkonstruktionen und der andere wiederum bedient sich der herkömmlichen Schüsselformen aus gebranntem Ton, gedrechseltem

Holz, Kunststoff, neuerdings auch Hartschaum und anderen Materialien. Sogar Haushaltsbehälter wie Kunststoffschüsseln kommen zum Einsatz. Sie sind leicht zu reinigen und bedürfen keiner chemischen Desinfektion. Generell ist auf die Reinlichkeit der Liegefläche zu achten. Weil die Täubchen – ist die Nestumrandung nicht zu hoch – von sich aus über die Nestkante hinweg koten, bleibt die Liegefläche in der Regel auch sauber.

Taubenpaare sind normalerweise bemüht, ihre Nester eigenständig zu bauen. Der Täuberich hält nach Nistmaterial Ausschau, sammelt es und bringt es der Täubin – sofern er es in der Voliere findet! Oder hat womöglich der Züchter das vorgefertigte Nest in die Brutstätte gestellt? Das ist keine gute Idee. Die Tauben sollen ihr Nest selbst anlegen!

Umwickelte, mit Papier vor Verschmutzung gesicherte Nistschalen müssen später nicht aufwendig gereinigt werden. Der Sand beschwert die Nistschalen (so können sie nicht verschoben werden) und speichert auch für eine gewisse Zeit die Körperwärme der Küken.

Werden Tauben im Freiflug gehalten, bringen sie kleine Zweige ein, die einen mehr, die anderen weniger. Eine weiche Unterlage, sozusagen ein Polster zur Vorbereitung der Geburt, ist bei den Tauben nicht üblich. Wie in der Natur legen Täubinnen auch ohne vorangegangenen Nestbau die Eier auf dem blanken Untergrund ab. Damit sie fixiert bleiben, also nicht wegrollen und durch den Körperdruck womöglich beschädigt werden, sind in der traditionellen Rassetaubenzucht daher handwerkliche Hilfeleistungen unabdingbar geworden.

Züchter von schweren Rassen und solchen, die in Form, Größe, Gewicht und Strukturen von ihren Urahnen stark abweichen, sind davon betroffen. Demnach kommen die Taubenwirte nicht umhin, zur Sicherung bevorstehender Fortpflanzungsereignisse vorgefertigte Nisthilfen bereitzustellen.

Bewährte Eigenkonstruktionen kommen in der Praxis schon sehr lange zum Einsatz und sind zu empfehlen. Hierbei macht es Sinn, die anatomisch und strukturell ausgeprägten Rassemerkmale der Elterntiere zu berücksichtigen. Damit sich während des Wachstums die Extremitäten der Nestlinge – Ständer und Flügel – skelettgemäß entwickeln, ohne deformierenden Schaden zu nehmen, sollte man jeweils auf die rassespezifischen Voraussetzungen eingehen.

Wird nur ein Jungtier aufgezogen, ist zur Vermeidung von sogenannten Grätschbeinen auf die Standsicherheit des Taubenkükens zu achten. Die Natur hat sich nicht umsonst entschieden, den Nestuntergrund für zarte Kükenkörper so unwirtlich, wie sie ihn selbst gestalten, für unvorteilhaft zu erklären. Finden die Nesthocker auf der strukturierten Nestoberfläche nämlich einen festen Halt, können sie sich mit ihren Gehwerkzeugen unter dem Körper dagegenstemmend festkrallen. Bei einem Geschwisterpaar im Nest nebeneinander liegend besteht diese Gefahr nicht.

Zum Schutz der Küken

Die Geschehnisse im und am Nest, dem eigentlichen Mittelpunkt eines Taubenlebens, gehören zu den bemerkenswertesten Besonderheiten, mit denen sich ein Taubenpfleger auseinanderzusetzen hat. Überlebensglück und Tragik bestimmen dort den Taubenalltag. Während ein Elternteil im Nest das verbliebene Jungtier hudert, hält es der Ehepartner offenbar nicht für nötig, sich um ein herausgefallenes, außerhalb des Nestes liegendes, hilfsbedürftiges Geschwister zu bemühen – auch dann nicht, wenn es erstarrt durch Unterkühlung dem tödlich ausgehenden Erfrieren nahe ist. Die Natur kennt hier kein Erbarmen. Wäre es ein Brutei, käme ihm diese Aufmerksamkeit von Fürsorge zugute.

Diese fixierbare Nestumrandung schützt die Jungtiere vor dem Heraustragen und Herausfallen.

Jungtauben haben das Bestreben, sich unter das Wärme spendende Elterntier zu kuscheln. Sind sie hungrig, schlüpfen sie hervor und recken den Hals in Richtung Schnabel des Elterntiers, wenn es an der Zeit ist, gefüttert zu werden. Mit zunehmendem Älterwerden kann dieses Verlangen dort, wo sie vor dem Herausfallen nicht geschützt sind, zu einem riskanten Wagnis führen. Zum Schutz gegen das Herausfallen bzw. Heraustragen von

Taubenküken aus dem Nest von belatschten oder Strukturtaubenrassen kann auf bestimmte Vorkehrungen nicht verzichtet werden. Das können tiefere Nistgelegenheiten wie Haushaltsschüsseln sein, Umfassungen mit hoher Aufkantung und andere, denselben Zweck erfüllende Vorrichtungen. Zum Schutz der Gelege von sehr flüchtigen Rassen ergeht diese Empfehlung ebenso an ihre Züchter. Bei Nestkontrollen – wenn ohne Schadensbefürchtung überhaupt möglich – ist diktierte Vorsicht das höchste Gebot. Die Fürsorge oder Neugier der Einsichtnahme sollte gezügelt werden.

Bedingt durch die kurz aufeinanderfolgenden Schachtelbruten benötigen Taubenpaare jeweils zwei Nestvorrichtungen. Damit der brütende Elternteil bei der zweiten Brut von den noch in der Zelle befindlichen Jungtieren nicht gestört wird, muss das Nest für Störenfriede, die sich gern anschmiegen würden, unerreichbar platziert sein. Das geschieht durch Etagierung oder Zellentrennung. Belästigungen durch das Jungvolk erfolgen übrigens nur dort, wo die Elterntiere nicht ausreichend füttern. Satte Jungtauben verlassen – auch noch im flüggen Alter – das Nest, in dem sie geboren sind, nicht.

Das Revier – die Bindung der Tauben an den Brutplatz

Die für die Domestikation zum Vorteil gereichende Standorttreue der Tauben bleibt nach wie vor eine willkommene Eigenschaft. Allerdings wird die Zuchtarbeit bei unvermeidbarer Um- bzw. Einquartierung durch das sowohl hartnäckige als auch energische Revierverhalten der Tauben durchaus zu einem beschwerlichen Vorhaben werden. Durch ihre strenge, in der Erinnerung bleibende Bindung an die Nistzelle kann es für den Züchter bisweilen recht schwer werden, mit den Besitzansprüchen der Tauben sowohl respektvoll als auch gefühlvoll umzugehen – insbesondere mit denen der Täuber, aber auch mit denen der Täubin, wenn sie aus Sehnsucht zum Partner vom Vorjahr als Leidtragende einer Umpaarung die so abrupt unterbundene Beziehung wieder aufnehmen möchte.

Der Taubenwirt ist gut beraten, für die Zucht vorgesehene Täuber des Vorjahres im Zuchtschlag zu belassen und zur hierarischen Umverteilung neu eingestellte Männchen so rechtzeitig wie möglich dort einzuquartieren, wobei die Anzahl von den vorhandenen Brutplätzen abhängig ist. Wenn im Zuchtschlag keine weiteren Sitzplätze installiert sind, sichern sich die Täuber jedenfalls instinktgesteuert eine Nistzelle, und zwar die am höchsten gelegene. Es ist keine Seltenheit, dass dieser Vorgang in der sozialen Gemeinschaft nicht ohne Dispute, mitunter sogar blutig ausgehend geregelt wird.

Bei der ritualisierten Taubenfütterung auf einem Hof im kroatischen Slavonski Brod – einer Hochburg der Broder Purzler – gehört die Bereitstellung von Salz (rechts neben der schwarzen Taube) jedes Mal zur alltäglichen Versorgung.

Tauben haben ein sehr lang anhaltendes, bis zu mehreren Jahren zurückreichendes Erinnerungsvermögen. Und sie sind imstande, sich ebenso zur Gewohnheit gewordene Rituale einzuprägen. Je nachdem, wie lange sie in der Zucht verblieben sind, reagieren sie – so erfahren, wie sie sind, durchaus routiniert – nach dem Geschlechtertrennen auf das Wiederöffnen der Nistzellen, das Bereitstellen der Nistschalen sowie auf das Beigesellen eines Geschlechtspartners. Sie wissen mit der Reihenfolge umzugehen: Wenn die Anpaarung ansteht und nach Tagen der Ausflug in den Schlag, in die Voliere oder in den Freiflug abzusehen ist, bestimmt die Fortpflanzung den anschließenden Ritualverlauf.

Tauben sind Gemeinschaftstiere. Sie leben in Kolonien und gehen gemeinsam auf Nahrungssuche. Im Verbund der Population genießen sie mit Artgenossen den Schutz vor Bedrohungen. Um sich wohlzufühlen, benötigen sie den Kontakt mit dem Ehepartner und ihresgleichen. Typische Einzelgänger gibt es unter Tauben keine. Ledige Individuen bleiben nicht lange allein.

Das Augentier Taube konzentriert sich zum Zweck der Fortpflanzung mit dem Eingehen einer Partnerschaft auf ein Revier. Von ihm gehen sämtliche, das Leben bestimmende Impulse aus. Dieses in Besitz genommene Territorium mit seinen sicht- und unsichtbar verlaufenden Grenzen, das hartnäckig verteidigt wird, sollte mindestens so groß bemessen sein, dass darin der Nachwuchs auf sein künftiges Leben vorbereitet werden kann. Eine Menschenhand, von schweren Rassetieren abgewehrt, macht bei Nestkontrollen zuweilen eine schmerzhafte Bekanntschaft.

GUTES GEDÄCHTNIS

In Volieren gehaltene und Freiflug nutzende Felsentaubenpaare fanden aufgrund von Unachtsamkeit einer offen gelassenen Tür nach sechs Jahren in ihre frühere Abteilunterkunft zurück. Zielgerichtet flogen sie die ehemaligen, zwischenzeitlich von Rassetaubenpaaren bewohnten Brutplätze an. Dabei wendeten sie – ohne Gegenwehr um die Wiederinbesitznahme – kaum zu schildernde Gewalt an: Gelege wurden zerstört und wenige Tage alte Küken aus den Nistschalen geworfen. Ein Bild der Verwüstung! Offensichtlich ist die strenge Bindung der Tauben an den Geburtsort bzw. an ihre Geburtsstätte bei Nesthockern das Resultat einer viel länger währenden Prägungsphase als bei den Nestflüchtern. Kein Wunder also, wenn ihre domestizierten Nachfahren, unsere Haustauben, ähnlich gewalttätig so resolut in Erscheinung treten.

Artgemäße, von den wilden Ahnen abgeleitete Größenansprüche sind nicht vorgegeben, auch nicht die Dichte der nebeneinander angelegten, zu Aggressionen führenden Brutstätten. Das lässt sich bei den im Freiflug gehaltenen Tauben beobachten, wenn die Nester nur um einige Handbreiten voneinander angelegt keinen Anlass für Rangeleien bei Reviergrenzverletzungen geben. In der Rassezucht gelten mitunter – das ist von Rasse zu Rasse unterschiedlich geregelt – sprichwörtlich genommen „unartige“ Gesetze. Werden diese Regeln eingehalten, führen sie im sozialen Gefüge zur disziplinierten Wahrung des reibungslosen Miteinanders.

Auswahl der Zuchtkandidaten

Die Auswahl der Zuchttiere beginnt nach dem Sondieren der noch im Schlag verbliebenen Kandidaten mit dem Studium des Zuchtbuches. Wer nicht viele Zuchtpaare eingesetzt hatte, wird nach seiner Erinnerung verfahrend vielleicht an Paarkombinationen des Vorjahres festhalten oder das eine und andere Paar eventuell umpaaren. Jungtiere aus eigener Zucht werden, gemessen an den Ausstellungsergebnissen, gezielt mit einem passenden Partner zusammengebracht. Dass grundsätzlich nur vitale Tiere in die Zucht genommen werden, ist für das Gelingen der Zucht die entscheidende Voraussetzung.

Unsicherheitsfaktoren sind Neuerwerbungen, bei denen man nicht weiß, ob es Phänotypen – also Blender – oder wirkliche Genotypen sind. Hochbewerteten

Ausstellungstieren ist nicht anzusehen, ob sie vererbungsfest veranlagt sind. Jeder Züchter muss sich damit abfinden, dass ihm für das Vorankommen seiner Zucht lediglich Zuchtpaare mit geringen Reproduktionsraten zur Verfügung stehen: höchstens vier- bis fünfmal während einer Zuchtperiode ein Gelege mit zwei Eiern.

Eine zur Zucht vorbereitete Perückentaube.

Auch wenn man sich nach den Vererbungsregeln richtet, wird dabei der Zufall eine wesentliche Rolle spielen. Wird die Nachzucht eines Jahres betrachtet, finden man nicht allzu viele missratene Jungtiere. Die meisten sind mittelmäßig gut und nur wenige sind hervorragend.

Absolute Spitzentiere sind eine Ausnahme, die dann womöglich in der Konkurrenz mit anderen Zuchten verglichen sogar noch „untergehen“. Aber das kann dennoch auf die eigene Zucht bezogen ein Fortschritt sein.

Abgesehen davon gibt es wahre Verpaarungskünstler unter den Züchtern. Sonst würden sie nicht über Jahre hinaus die Liste mit den Spitzentieren anführen. Es ist nicht immer die sogenannte „glückliche Hand“. In solchen Zuchten scheint eben alles aufeinander abgestimmt zu sein: der Tier-Stamm (die Basis), die Unterbringung, das Futter sowie die Umweltbedingungen, die bei den Tauben zu einem Wohlbefinden führen.

Wenn Züchter ihre Rasse kennen und wissen, wie mit ihnen umzugehen ist, werden sie Täubin und Täuber nach den üblichen Kriterien beurteilen und miteinander verpaaren. Sollen – um nur einige aufzuzeigen – anatomische Rassemerkmale wie Form, Schnabelwinkel, Standhöhe und andere züchterisch verbessert werden, dürfen beide Tiere nicht den gleichen Fehler haben.

Eine erfolgreiche Zucht basiert erfahrungsgemäß auf Inzucht, wobei die Verpaarung der Eltern mit ihren direkten Nachkommen am häufigsten und Erfolg versprechendsten angewandt wird. Die züchterische Einflussnahme auf Farbveränderungen ist dagegen so vielseitig und komplex, dass auf die weiterführende Fachliteratur verwiesen werden muss.

Ein harmonierendes und für den Zuchtbeginn vorbereitetes Show-Racer-Paar.

Vorbereitung auf das Brutgeschehen

In der Zuchtpraxis ist vorgesehen, je nach Rasse und ihren äußeren Merkmalen die einzelnen Tiere auf das Brutgeschehen vorzubereiten.

In auffälliger Weise sind es die Rassevertreter mit prächtigem Federwerk. Die sie zierenden Besonderheiten bedürfen vor den Bruteinsätzen einiger Kürzungen an Stellen, die im Umgang mit dem Sexualpartner sowie bei der Brutpflege hinderlich sein könnten.

Im Einzelnen sei hierbei Anfängern empfohlen, den Rat erfahrener Züchter einzuholen oder beim Zuchtwart des zuständigen Sondervereins nachzufragen.

Täuber oder Täubin?

Diese Frage stellt sich sehr oft. Unsicherheiten werden dann zum Problem, wenn es an der Zeit ist, aus dem Jungtierbestand die Zuchtpaare zusammenzustellen. Um es gleich vorwegzunehmen: In Zweifelsfällen führen nur von Speziallabors zu realisierende DNA-Untersuchungen zu einem absolut sicheren Ergebnis.

Bei der Geschlechtsbestimmung von Tauben kann es gelegentlich zu Fehlentscheidungen kommen – davon sind auch erfahrene Züchter nicht ausgenommen. Dass sie gleichgeschlechtliche Tiere miteinander verpaaren, wird zwar nicht zu einem Verhängnis, umso mehr aber zu einem Zeitverlust führen. In solchen Fällen legt die vermeintliche Täubin nicht oder nach erfolgter Verpaarung liegen auf einmal vier Eier im Nest. Bei gleichgefärbten Vögeln das Geschlecht zu bestimmen, ist immer zweifelhaft. Das trifft ausnahmslos auf die Felsentauben und auch auf Haustauben zu, weil bei den Tauben die primären Geschlechtsmerkmale nicht erkennbar sind und die sekundären, die sich nur um Nuancen geringfügig unterscheiden, ausschließlich von einem „geschulten" Auge wahrgenommen werden können.

Von Ungewissheit betroffen sind meistens Zuchten, in denen es aus Platzmangel eng zugeht, wo die Unterkünfte überfüllt sind und sich die Individuen geschlechtsmäßig in ihrem Verhalten nicht entfalten können. Sichtbare Unterscheidungsmerkmale sind natürlich das Gebaren, Statur und farbliche Nuancen, die sie auszeichnen, wobei auch eine genetisch geschlechtsgebundene Gefiederfarbe so gut wie sichere Geschlechtszugehörigkeit erkennen lässt.

Zweifelsfrei sind auf Anhieb Täuber von Täubinnen bei kennfarbigen Rassen unterscheidbar wie beispielsweise bei den Texaner-Formentauben. Ihre Geschlechtszugehörigkeit lässt sich bereits bei ihrer Geburt feststellen: Täuber kommen vollkommen nackt, weibliche Tiere stets mit einem den ganzen Körper bedeckenden Flaum auf die Welt.

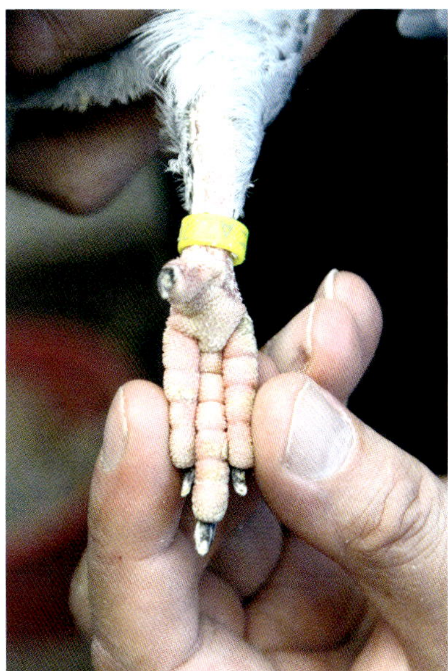

Versetzte Strukturen am Fuß sind Zeichen dafür, dass es sich um einen Täuber handelt.

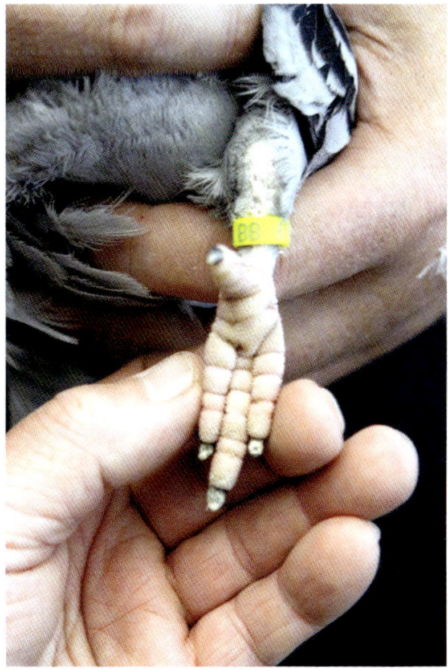

Gegenüberliegende Zehenballen und Kerben weisen auf eine Täubin hin.

Weil die Verfahren von DNA-Untersuchungen für viele Züchter zu zeitaufwendig sind bzw. sich als umständlich erweisen, verlassen sie sich zur Geschlechtsbestimmung in der Praxis noch immer auf bewährte Hilfsmittel. Drei seit Züchtergenerationen angewandte Methoden werden hier vorgestellt.

- Aufmerksame Beobachter verlassen sich bei der Geschlechtsbestimmung ihrer Nestlinge auf langjährige Erfahrung, indem sie die beiden Außenzehen eines Fußes parallel ausrichten und vergleichen: Liegen die Zehenballen und Kerben passgenau nebeneinander, weist das auf eine Täubin hin. Die versetzten Strukturen hingegen lassen einen Täuber vermuten. Infolge zuverlässiger Aufzeichnungen soll die Trefferquote bei 80 % liegen.
- Eine ähnliche Methode zur Geschlechtsbestimmung verweist auf eine ebensolche Musterung der Taubenfüße: Sind die beiderseits der Mittelzehe liegenden Zehenglieder gleichlang, wird das Jungtier eine Täubin. Ist eine Zehe – meistens ist es die von der Körperseite gesehen äußere – um eine halbe Gliedlänge größer, wird es männlich sein. Das ist anatomisch eine einleuchtende Erklärung, da dem Täuber hierdurch beim Kopulieren das Festhalten an der Flügelspannhaut der Täubin erleichtert wird. Diese von einem Experten weitergegebene Erfahrung zur Geschlechtsidentifizierung resultiert aus Überprüfungen mit 90 %iger Treffsicherheit an Hunderttausenden von Tieren in Fleischtaubenfarmen.
- Kaum erklärbar ist die Geschlechtsfeststellung mit einem sogenannten Pendel: eine Methode, mit der schon unsere Vorfahren versuchten, früh genug die Hühnerküken nach Geschlecht auszusortieren. Das Pendel ist nach wie vor ein beliebtes Instrument von Züchtern und Ziergeflügelliebhabern, um mithilfe des Ausschlags vorzeitig das Geschlecht herauszufinden. Ein halbmeterlanger Zwirnsfaden wird durch eine Nähnadel gezogen und mit der Hand bis zu einem Zentimeter über eine Taube gehalten. Mit etwas Geduld wird bald Bewegung entstehen. Pendelt die Nadel gegensätzlich in Richtung Schnabel und Schwanz, ist das Täubchen männlichen Geschlechts, kreist die Nadel wie der Zeiger einer Uhr, ist es eine Täubin. Trotz der nicht hundertprozentigen Zuverlässigkeit, wobei die Abweichung gering sein soll, schwören die selbstsicheren Anwender auf diese Methode.

Ein weiteres Hilfsmittel zum Herausfinden der Geschlechter ist das Gegenüberstellen von Täubin und Täuber. Werden sie mit zeitlichen Abständen wechselweise in einem geteilten Dressurkäfig zusammengebracht und möglichst unauffällig beobachtet, lässt sich womöglich das Geschlecht aufgrund des Verhaltens erkennen. Wenn es auch schwerfällt und Ausdauer kostet, wird Geduld vielleicht mit einem überzeugenden Ergebnis doch belohnt werden.

Wenn sich der Pendel kreisförmig in Gang setzt, soll es eine Täubin sein; bewegt er sich zwischen Kopf und Schwanz hin und her, wird ein männliches Geschlecht prophezeit.

Wie eingangs erwähnt verhelfen nur DNA-Analysen zur garantierten Treffsicherheit. Diese kostspieligen Methoden sind für Taubenfarmbetreiber zu unwirtschaftlich, wobei ein Verzicht darauf bei jedem Fehlgriff einen Zeitverlust bedeutet. Ob es sich um Täuber oder Täubin handelt, muss schnellstens herausgefunden werden. Und so wenden sie doch eine verblüffende, scheinbar gängige Methode an, die zu einem zielsicheren Ergebnis führt: Ein zangenartiges Instrument – dem des von Hals-Nasen-Ohren-Ärzten verwendeten ähnlich – wird in die Kloake eingeführt. Damit erkennt der Fleischtaubenzuchtexperte in der Bauchhöhle den kleinen Geschlechtsunterschied. Routiniert, allerdings unter Mithilfe eines Helfers, der die Taube festhält, sortiert er während einer Stunde 60 bis 80 Tiere – Übung vorausgesetzt. So erkennt er den Eierstock und den einzelnen Ausgang für die Eier, den Eileiter, der Täubin und beim Täuber die beiden Hoden.

Ist ein Züchter unsicher und hat noch nicht herausgefunden, ob er beim zeitigen Ausfüllen der Ausstellungspapiere das Geschlecht seines Tieres richtig eingetragen hat, und hat es womöglich zum Verkauf gemeldet, wird er vermutlich mit Unannehmlichkeiten rechnen müssen, falls sich die Täubin im Ausstellungskäfig als Täuber entpuppt oder umgekehrt. Die Tiere werden dann ohne Rücksicht darauf bewertet, erhalten aber zusätzlich den Vermerk „fK“ (= falsche Klasse) und keinen Preis. Bei Besitzerwechsel ist es Sache des Verkäufers, sich hoffentlich gütlich mit dem Erwerber zu einigen.

Die „Mannsweiber“

„Wenn bei den Tauben sogenannte Mannsweiber die Rolle des Täubers spielen“ war der so provokant gewählte Titel eines der Hauptthemen beim 1981 vom Nürnberger Taubenclub ausgerichteten Taubenforum. Immerhin wurde es von 1.300 versammelten Teilnehmern mit großem Interesse aufgenommen. Erich Müller – im Jahr zuvor zum VDT-Vorsitzenden gewählt – gehörte zum Kreis der prominenten Referenten. Als fungierender Vorsitzender des King-Club Deutschland wusste er, von was er sprach. Er warnte nicht umsonst vor sogenannten „Mannsweibern“, also Täubinnen mit männlichen Anlagen. Er hatte seine Gründe dafür.

Von Erfahrung gelenkt, referierte er über bedenkliche Entwicklungen in der Rassetaubenzucht. Besonders lag ihm am Herzen, vor augenscheinlich werdenden Übertreibungen zu warnen. Er wollte an die Züchterschaft appellieren, den männlichen Typ gegenüber dem weiblichen erkennbar hervorzuheben. Mit dem Resümee „Täubinnen sind eben kleiner als Täuber, und dieses Naturdenkmal sollten wir nicht umwerfen wollen" am Ende seines Vortrages kritisierte er bei einigen Rassen nicht verborgen gebliebene Trends.

Weil eine Täubin neben einem Täuber stehend, so wie es die Natur vorsieht, typisch weiblich zur Geltung kommen soll, anmutig und trotz Körpermasse feminin, bevorzugen die Züchter gerade solche Staturen, nämlich kräftige Täubinnen, von denen großvolumige Gelege erwartet werden können. Daraus sollen dann wunschgemäß möglichst stramme Küken schlüpfen. Die Wissenschaft spricht hier von Geschlechtsdimorphismus, eine Bezeichnung, die in weiterem Sinne sowohl die Unterschiede im Erscheinungsbild der Geschlechter als auch in ihrem Verhalten definiert, hinsichtlich der Körpergröße jedoch nicht als paradierende Regel gilt.

Täubinnen dieses Formates sind durchaus vorhanden, allerdings müssten ihre männlichen Pendants noch an Fülle und ausgeglichener Proportion zulegen, damit sie optisch tatsächlich maskulin auffallen und mit ausstrahlender Männlichkeit überzeugen. Um sie im Standardrahmen zu behalten, wäre das einer Rasse nicht dienlich. Und welcher Zuchtwart würde schon als Konsequenz daraus einem weiteren, also größeren Ringdurchmesser zustimmen.

Zuweilen fällt es nicht leicht, nach Erlangen ihrer Geschlechtsreife herauszufinden, was denn nun Tauber und was Täubin ist, abgesehen bei den Kennfarbigen und solchen, die das genetische Reglement erwarten lässt. Zuverlässige Ergebnisse erhält man im Jugendstadium nur durch Laboruntersuchungen. Jede andere Mutmaßung wäre Spekulation mit gelegentlich stiller Hoffnung auf eine Wunschbestätigung.

Was nun erschwert uns die sichere Festlegung: Täuber oder Täubin? So leicht machen sie uns das Unterscheiden ja auch nicht. Ihre Erscheinungsbilder gleichen sich – auch in ihrem Verhalten sind sie ähnlich. Und gerade das ist die Crux, die eben zu Unsicherheiten führt und sie nicht so leicht unterscheiden lässt.

Ein Täuber im Täubinnenschlag wird früher zu eliminieren sein. Mit dem Älterwerden wirkt sein Auftreten dominant. Unter Täubinnen geht es weitaus weiblicher, intimer zu. Sehr bald haben dort zwei Gleichgeschlechtliche zueinander gefunden und gehen eine Scheinehe ein. Das Ergebnis sind schließlich vier Eier mit regelmäßiger Bebrütung. Als Ersatz- oder Austauscheltern sind Paare wie diese natürlich sehr hilfreich. Wenn sich die Gelegenheit bietet, ziehen sie zuverlässig Jungtiere auf.

Weil die Tiere durch Dominieren eines Artgenossen besonders in räumlich engen Unterkünften sowohl psychisch als auch physisch unter Druck geraten und demzufolge mehr oder weniger auffällig demütig reagieren, also dem Zwang unterliegen, kann schnell eine geschlechtliche Fehleinschätzung entstehen. Auch routinierte Züchter unterliegen dem täuschenden Fehlverhalten. Als vermeintliche Täubin aus einer späten Brut in die Zucht genommen, entpuppt „sie" sich vielleicht später ohne erbrachte Legeleistung doch als Täuber.

Ein sich mit zunehmendem Alter „zeigender" Täuber wird in einer Taubengesellschaft mehr oder weniger rangmäßig eine hohe Stelle einnehmen wollen. Ermutigt durch den Erfolg des an den Tag gelegten nicht zögernden Auftretens bewirkt er mit zunehmender Geschlechtsreife das Einschüchtern einiger seiner Schlaggenossen. Das gelingt starken Täubinnen in ihrer Umgebung unter Artgenossinnen durchaus genauso.

Je später die Tauben geboren werden, umso mehr verzögert die Natur das Wachstum dieser Nachzügler. Das ist ein Zeitraum, in dessen Verlauf bei ihren Ahnen, den Felsentauben, der Fortpflanzungswillen bereits erlahmt, die Vogelwelt also über den Winter hinweg so gut wie „geschlechtslos" ist.

Haustauben bleiben von diesem Zyklus unberührt. Mit vitaminreichem Futter versorgt, wird die Entwicklung der Jungtiere während unwirtlicher Jahreszeiten nicht aufgehalten, aber lässt sie dennoch, weil Sonne und Wärme fehlen, verlangsamt heranwachsen. Spätjunge Täuber haben es deshalb schwer, von früher geborenen, selbstbewusst agierenden Täubinnen ernst genommen zu werden.

Ein überzeugendes Bild: Die Taubenehe ist geschlossen.

Solche Täubinnen sind gewöhnlich vital, übertreffen an Masse und Figur die typischen Schwestern und haben die Chance, Ausstellungsbeste zu werden. Tauben, die einen zwischengeschlechtlichen Eindruck verleihen, sind vorsichtig einzuordnen. Nicht selten versagen sie in der Zucht vollkommen. Eine tierzüchterische Maxime – besonders in der Nutzviehzucht mit Dauerfolg gehandhabt – ist, nur Tiere mit besonders ausgeprägten Geschlechtsmerkmalen zu verpaaren. Neben der Überlegenheit der Form des Täubers sind es bei den Tauben Erkennungsmerkmale, mit der sich der Züchter rassespezifisch auseinanderzusetzen hat, und zwar mit kleinen Kennzeichen, die den Unterschied zwischen Taubenhalter und Taubenzüchter ausmachen.

Das Anpaaren

Den Zeitpunkt des Anpaarens handhabt die Züchterschaft erfahrungsgemäß sehr variabel. Unter Berücksichtigung des entwicklungsbedingten „Fertigwerdens“ der Tiere sowie der anvisierten Schautermine ist der Zuchtanfang im neuen Jahr leicht zu ermitteln. Weil der Bundesringverkauf allerdings erst am 1. Januar beginnt, müssen sich voreilige Züchter in Geduld üben.

Frühe Bruten streben Züchter solcher Rassen an, die länger als sechs Monate bis zu ihrer völligen Reife benötigen wie beispielsweise die klassischen Mövchen. Ein weiterer Richtwert ist der biologische Mauserverlauf. Um zu sehen, wie die Nachzucht ausfällt, praktizieren – wohlwissend eines Zeitverlustes – manche Züchter sogar Probepaarungen, eine mit Erfahrung betriebene Methode, die bislang nur bedingt Anwendung findet. Die Vorbereitungen selbst und das Anpaaren sind zwar keine heikle Angelegenheit, dennoch eine zeitaufwendige, von Gespür und Konzentration geprägte Prozedur.

In der Vogelwelt wird mit dem Frühlingserwachen der Zeitpunkt festgelegt, wann die Tiere in Fortpflanzungsstimmung geraten. Nach strengen Wintern erfolgt dies bei Temperaturanstieg aufgrund der Sonneneinstrahlung geradezu explosiv, wogegen es zögerlicher erfolgt, wenn der Schnee nicht weichen will. Bis zu dieser Zeit sind die Vögel in der freien Natur so gut wie „geschlechtslos“ – anders als Haustauben. Diese sind während der Geschlechtertrennung zwar ohne Partner, bleiben aber dank der energiereichen Versorgung dauernd geschlechtsaktiv. Dafür ist ihre Stimmungslage sehr schwankend. Je nach Wettersituation können sie durch die Sonneneinstrahlung mehr oder weniger schnell sexuell kurzzeitig in Hochstimmung geraten, dennoch verläuft die Zwangsverpaarung mit den zugesellten Partnern nicht immer befriedigend.

In Erwartung eines erfolgreichen Zuchtjahres beginnt für den Züchter mit dem Anpaaren der Tauben einer der spannendsten Zeitabschnitte. Ausgewählt nach gezeitigten Leistungen im Jahr zuvor oder als Jungtäuber zum ersten Mal auf Bewährung in die Zucht genommen, befinden sich nur noch die zum Einsatz kommenden Täuber im Zuchtschlag. Bereits einen Monat vor dem Zusammentreffen mit einer Täubin hat dann zwischenzeitlich jeder von ihnen, nicht immer ohne vorangegangene Rauferei, eine Nistzelle und somit ein Revier besetzt.

Das Kennenlernen der Partner

Das Kennenlernen der künftigen Ehepartner kann nebeneinander gestellt in Dressurkäfigen erfolgen oder in der durch ein Trenngitter geteilten Nistzelle. Wenn beide in Paarungsstimmung sind, lassen sie sehr früh ihre Sympathie durch Annäherung und Schnäbeln erkennen. Unüberhörbar sind die Lockrufe des Täubers – Signale, die er aussendet, auch wenn die direkte Nachbarin, die Braut, keinerlei Anstalten macht, sich ihm zuzuwenden. Befindet sich aber eine vormalige Partnerin in der Zelle eines anderen Geschlechtsgenossen und vernimmt diese ihr vertrauten Laute, lässt auch sie sich nicht dazu animieren, nun spontan eine neue Liebesbeziehung einzugehen. In solchen Fällen ist der Züchter gut beraten, diese Paare abwechselnd an entfernte Orte zu bringen, sodass ein Hörkontakt ausgeschlossen ist.

Abgesehen von der Zusammenpaarung nach genetischen Gesichtspunkten ist der Sinn des vorprogrammierten Anpaarens, bei allen Paaren die zeitgleiche Eiablage und den darauffolgenden Schlupf zu erreichen. So können während des Zuchtverlaufs die aufwachsenden Jungtiere entsprechend ihrer Entwicklung von Nest zu Nest ausgetauscht werden.

Kreuz- und Karo-Ass sind Beispiele für merkfähige Kennzeichen, durch welche die Tauben ihre Nistzelle leichter wiederfinden.

Weil noch nicht alle Tauben mit der räumlichen Situation im Schlag vertraut sind, vor allem die neu hinzugekommenen Täubinnen, würde es ein heilloses Durcheinander geben, wenn alle Nistzellen gleichzeitig geöffnet würden. Wenn eine Täubin dem Tauber in den Schlag hinterherfliegt, gelingt es ihnen nicht immer gleich, ihm zielgenau in die richtige Niststätte zu folgen. Und wenn Täubinnen aus dem letzten Jahr das Bedürfnis hätten, in die Nistzelle vom Vorjahr zurückzukehren oder ein Täuber gern die Täubin vom letzten Jahr zurückgewinnen möchte, wäre die heile Taubenwelt ganz und gar nicht mehr in Ordnung.

Konfrontationen führen zwischen den Schlaginsassen unweigerlich zu Disputen. Erscheint ein Nachbar in direkter Nähe, sind Machtkämpfe und Besitzansprüche eine Folge der vorangegangenen Grenzfestlegungen. Währenddessen suchen die Täubinnen, die noch nicht so eine feste Bindung haben, am Futtertrog nach Leckerbissen oder wagen ihren ersten Ausflug nach draußen. Die Prozedur des sich Aneinandergewöhnens beginnt von Neuem. Werden die Paare zuvor jeweils mit einem Kunststoffring der gleichen Farbe markiert, lassen sich die umherschweifenden Einzeltiere wieder mühelos zusammenbringen.

Öffnen der Nistzellen

Zur Vermeidung eines solchen Szenariums werden die Zellenvorderfronten erst dann geöffnet, wenn alle Pärchen den Eindruck erwecken, miteinander einig zu sein. Ihr Einvernehmen kündigen sie nach Entfernen des Trenngitters durch Turteln an. Sie liegen eng aneinander geschmiegt beisammen und nehmen kaum Nahrung zu sich. Erst dann ist der verlässliche Zeitpunkt der Freilassung in den Zuchtschlag gekommen, aber nicht sofort für jedes Paar.

Weil sich Tauben an Farben und Figuren erinnern und daran orientieren, ist es zweckmäßig, die Nistzellen unterschiedlich zu kennzeichnen. Für die Täubinnen – ihre Lebenszeit verbrachten sie nach dem Absetzen bis dato in einem separaten Schlag – ist das eine erleichternde Orientierungshilfe, um die Behausung mit dem wartenden Ehegatten schnell aufzusuchen.

In der Praxis bewährt sich für das Öffnen der Nistzellen folgendes Schema (siehe Grafik): Je nach Anzahl wird jeweils die übernächste geöffnet, also die dazwischenliegende Brutstätte verschlossen gehalten. Ein empfohlenes System, das – bei dauernder Anwesenheit des Züchters im ständigen Wechsel angewandt – an einem Wochenende zum Erfolg führen kann.

Das sind dann zwei aufregende Tage, an denen es notorische Störenfriede nicht lassen können, in fremde Nistzellen einzudringen. Vielleicht wollen sie ihrer Geschiedenen folgen oder aus Machtbesessenheit dem Mitkonkurrenten den Garaus machen. Beißereien vor und im Gehäuse sind das untrügliche Bild von ausgemachten, mit der Zeit aber doch nachlassenden Antipathien. Jeder der männlichen Kontrahenten wird sich hierbei durchsetzen wollen, wobei der an-

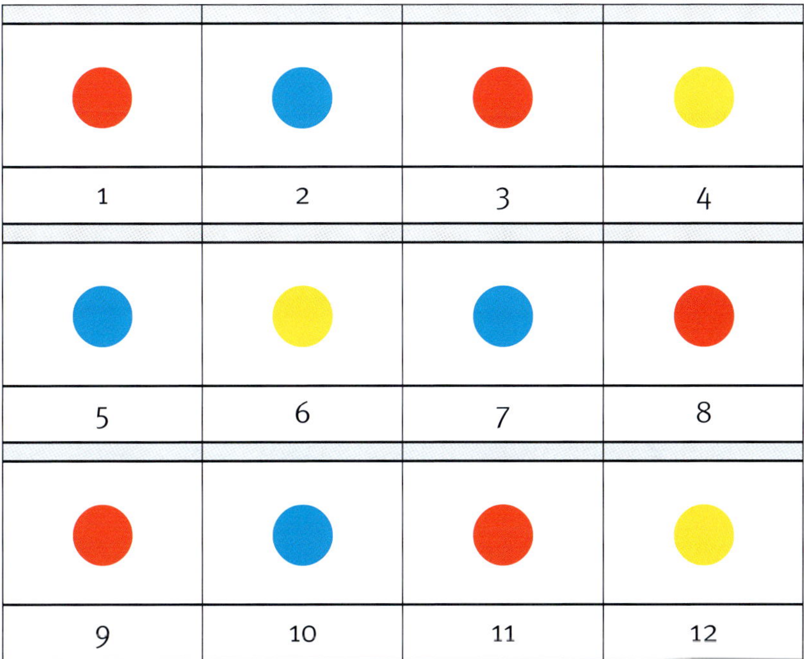

Vorschlag: Öffnen der Nistzellen nach dem Anpaaren.

gestammte, dort herrschende Revierbesitzer stets im Vorteil ist und früher oder später aus diesem Zweikampf auch als Sieger hervorgehen wird. Um diesen Konflikt zu verkürzen, greift man nun ein und zieht den Fremdling mit sachter Hand langsam zurück. Dadurch ermutigt gewinnt der eigentliche Hausherr umso mehr an Selbstvertrauen und wird auf Eindringlinge künftig energischer reagieren.

Nach einigen Tagen wird einigermaßen Ruhe und Frieden eingekehrt sein und die Rivalitäten beschränken sich auf reduzierte Bedrohungen des direkten Nachbarn von nebenan.

Verharren die Ehepaare in der Nistschale, ist der Täuber bald bemüht, zum Nestbau kleine Zweige heranzutragen. Dies löst immer wieder bei den Beobachtern Entzücken aus, weil nun abzusehen ist, wie das Brutgeschäft seinen lang ersehnten Anfang nimmt.

Als wolle der Hausherr seine Angetraute auf ihre Ehetauglichkeit hin prüfen, weist er sie bei ihrem Anflug immer wieder ab, folgt ihr aber dann schließlich hartnäckig, treibt sie mit eiligen Schritten vor sich her und lässt ihr am Futtertrog kaum einen Augenblick Zeit, um Futter aufzunehmen. Nach vorangegangenen Tretakten scheinen die Intimitäten beendet zu sein. Die Eiablage wird bald erfolgen.

Liegt nach den ersten Begegnungen schon drei Tage danach ein Ei im Nest, ist zu vermuten, dass – wenn es befruchtet ist – das daraus schlüpfende Küken nicht unter der Obhut seines leiblichen Vaters aufwächst. Diese Vorkommnisse stimmen zwar nicht bedenklich, haben jedoch eine Ursache.

Künstliches Frühlingserwachen im Taubenschlag

Kein anderer Faktor beeinflusst das Leben auf der Erde so sehr wie das Sonnenlicht. Ohne Sonne gäbe es kein Leben. Ihr Licht steuert die Impulsmechanismen aller Lebewesen, versetzt Fauna und Flora in Bewegung. Es bringt die Tauben in die arterhaltende Vermehrungsstimmung und treibt sie – nachdem ihr Organismus in Schwung gekommen ist – zur Paarung. Nun ist es der Wunsch von Taubenzüchtern, sie zu einer Jahreszeit dazu zu bringen, in der die natürlichen Voraussetzungen eigentlich noch nicht erfüllt sind, die Natur selbst noch auf ihr Erwachen wartet. Draußen herrschen Minusgrade und die Tauben sind nur bei Sonnenschein – und das bloß vorübergehend – „in Trieb geraten“, wie es die Züchter formulieren. Kleine Gaben von stimulierendem Hanf animieren beide Geschlechtspartner nicht gleich zur Fortpflanzungsbereitschaft.

Rassetaubenzüchter sind erfinderisch. Und weil sie sichergehen wollen, dass die Tauben zum vorgesehenen Anpaarungszeitpunkt in rechter Fortpflanzungsverfassung sind, bedienen sie sich auf einfachste Weise der Technik, um die Natur zu überlisten und das Frühlingserwachen im Taubenschlag vorzeitig einzuleiten.

Dies erfolgt durch eine künstliche Tagverlängerung mithilfe von mehr Lichteinfluss. Eine zunehmende Lichtintensität wird über bestimmte Nervenstränge im Auge registriert und über spezielle Hirnzentren auf die Hirnanhangdrüse weitergeleitet. Alle Hormondrüsen, insbesondere die Geschlechtsdrüsen, werden zur vermehrten Hormonproduktion angeregt und auf diesem Wege die Frühlingsgefühle mobilisiert. Somit wird die Intensität des Lichtes zum Anlasser für Paarbildung, Nestbau, Eiablage und Brut.

Ein Nest sollen die Haustauben selbst bauen. Wenn es die Gegebenheiten ermöglichen, finden sie auch bei minimaler Schneehöhe passendes Nistmaterial.

Die Erfahrung lehrt, dass diese Erfolgsaussichten am größten sind, wenn zwei bis drei Wochen vor dem Zusammenbringen der Ehekandidaten die Stallbeleuchtung auf einen etwa 14- bis 16-stündigen Zeitrahmen ausgedehnt wird, und zwar morgens um 5.00 Uhr beginnend und abends um 19.00 Uhr endend.

Allerdings ist hierbei zu bedenken, dass sich eine derart frühlingshafte Aufbruchsstimmung mit der üblichen Beleuchtung durch Glühbirnen und Leuchtstoffröhren nicht erreichen lässt. Hilfreich ist hier die Installation einer Spezialleuchte mit einer modernen Energiesparlampe, eine Ausrüstung der Schlagabteile mit sogenannten Tageslichtleuchten. Vor 50 Jahren entwickelt kommen sie zunehmend an mitarbeiterfreundlichen Arbeitsplätzen zum Einsatz – speziell in fensterlosen Büros und in Räumen, wo natürliches Licht nicht jeden Zimmerwinkel erreicht.

Das (natürliche) UV-Licht kann unter anderem den Energiehaushalt, den Stoffwechsel und die Drüsenfunktion sowie die Bildung von Vitamin D aktivieren bzw. anregen. So kann für die Tauben der wichtige Vitamin-D-Bedarf gedeckt werden. Daher sind nun auch die Taubenzüchter von den Vorzügen dieses „natürlichen" Kunstlichtes überzeugt. Mit 96 % entspricht es doch der von der Sonne ausgehenden Lichtintensität sowie -qualität und hat außerdem noch eine keimtötende Wirkung.

Der Käufer dieser Beleuchtungskörper wird sich im Fachgeschäft bei der Lichtquellengrößenwahl beraten lassen. Einer der weltbekannten Hersteller bietet speziell das „Licht zum Wohlfühlen für Tier" an, die Leuchtstofflampe vom Typ UMILUX BIOLUX (T 26) mit einer dem Sonnenlicht ähnlichen Lichtverteilung. Sie gehört zur Gruppe der Dreibandenlichtfarben mit einer hohen Lichtausbeute und guter Farbwiedergabe; außerdem garantiert sie eine lange Lebensdauer.

Je nach Taubenschlaggröße kann man zwischen vier Leuchtstofflampen (-röhren) wählen, die in Längen von 590 bis 1500 mm (18 bis 58 Watt) angeboten werden. Für Taubenstallungen werden sie – verglichen mit EU-Richtwerten für Geflügelställe, in denen vier Watt pro Quadratmeter Mindesthelligkeit vorgegeben sind – größenmäßig gering ausfallen.

In Verbindung mit elektronischen Vorschaltgeräten (EVG) kann man diese Lampen dimmen. Sie sind somit eine nützliche Vorrichtung, um den Tag im Taubenschlag mit dem künstlichen Hell- und Dunkelwerden verlängern zu können.

Die Technik macht es möglich, mit Licht die Paarungs- und Brutstimmung auch vor dem Naturerwachen einzuleiten. Die auf dem Foto links abgebildete Leuchte hat effektiv nur eine geringe Reichweite; für Babyabteile erfüllt sie vollkommen ihren Zweck.

Balz- und Paarungsverhalten

Erfolgt das Anpaaren der Tauben unter Zwang, ist den Geschlechtern das eigeninitiierende, stimulierende Werben und Kokettieren, womit sie bei der freien Partnerwahl Eindruck hinterlassen müssten, um Erfolg zu erzielen, genommen. Die Pirouetten drehenden Täuber imponieren damit nicht nur ihren Artgenossen; ihr anmutiges Balzgurren und die so sehnsüchtig klingenden Lockrufe gehören mittlerweile zur akustischen Bereicherung von ergreifenden Szenen, wenn es um Liebesfilme geht.

Das Balzgehabe der Tauben als artspezifisches Ausdrucksmittel aller ihrer emotionalen Regungen ist für uns Menschen nicht nur ein amüsantes Schauspiel, sondern dadurch lassen sich auch die Geschlechter der Individuen bestimmen. Außerdem war es schon immer ein begehrtes Objekt in der Verhaltensforschung.

Diese Tauben in Sibirien kommen auch mit extremen Temperaturen zurecht und stürmen beim Öffnen des Schlags hinaus ins Freie.

So äußern sich im Sozialverhalten der Haustauben die reglementierten Balzaktivitäten in vielerlei Besonderheiten. Sie werden von Rivalität und Sexualität bestimmt. Und sie regeln sowohl die Artenreinheit als auch den Erhalt ihres Vorkommens auf Erden. Wenn auch die Haustaube domestiziert wurde, so behalten sich die Züchter einiger Rassen vor, durch Auslese spezifische Verhaltensmerkmale der Felsentaube erbgutmäßig fest zu verankern, wie beispielsweise das Flugspiel der Flügelsteller-Kröpfer oder das Balzfliegen von Ringschlägertauben ebenso wie die räuberische Inbesitznahme von Täubinnen durch die sogenannten, in Spanien für diese Zwecke gezüchteten Diebeskröpfer.

Bedeutung der Balz

Sinn und Zweck der Balz sind klare Naturgesetze. Die Balz ist ein Mittel zur Geschlechtsbestimmung, sie dient der geschlechtlichen Erregung und verhindert Artenkreuzungen. Wer in der Tierwelt die Augen offen hält, wird die korrelierenden wechselseitigen Zusammenhänge sehr bald erkennen. Hier erklärt sich obendrein die Frage: Woran erkennen Tauben beim ersten Zusammentreffen, welchem Geschlecht der bisher noch unbekannte Artgenosse angehört? Augenscheinlich fehlen den Vertretern der Columbaartigen sekundäre Geschlechtsmerkmale, wie zum Beispiel waffenähnliche Werkzeuge, die Artgenossen einschüchtern würden, wie das Geweih beim Hirsch, oder die Farbenpracht der Hähne bei den Hühnervögeln, die den Geschlechtsunterschied kennzeichnet.

Wie sich die Bilder gleichen: Imponierender Balzflug eines Felsentäubers im Werben um eine Täubin ...

Wenn gleichgefärbte Vögel – wie die Tauben – einen Artgenossen beim Begegnen bedrohen, erreichen sie zweierlei: Während ein eingeschüchterter Täuber zurückweicht, bewirkt das Drohgebaren bei einer Täubin die Zügelung ihrer männlichen Regungen. Hierbei kommt es nicht auf das Besiegen, sondern auf das Auslösen weiblicher Reflexbereitschaften an. Am Beispiel einer eingegangenen Scheinehe von zwei Täubinnen (und auch in selteneren Fällen von zwei Täubern) wird offenkundig, dass sich die Geschlechter – ausgelöst durch Überlegenheit und Demut – gegensätzlich verhalten können. Überlegene Täubinnen wirken männlich, unterlegene Täuber weiblich – ein Verhalten, das beim Zusammenstellen der Zuchtpaare hin und wieder zu verzweifelnder Unentschlossenheit führt oder zu einer Fehlspekulation, die nachher so manche Verpaarung zum Scheitern verurteilt.

... und das Umwerben einer Täubin eines Rheinischen Ringschlägertäubers.

Die Paarung

Mit dem gezielten Heraussuchen einer zu ihm passenden Lebensgefährtin bemühen sich die bislang ledigen Täuber, eine auf lange Sicht ausgerichtete Taubenehe einzugehen. Sie umwerben die Auserwählte und weisen ihr den Weg durch häufiges Aufsuchen des Nistplatzes. Dort melodisch rufend wird sie – sofern sie seinem Charme erlegen ist – ihm folgen und sich in der Brutzelle vorübergehend auch aufhalten, bis die Täubin nach wiederholten Anflügen wie ein Eindringling abgewiesen wird. Dann beginnt das „Treiben" der Täubin durch den Täuber, der die künftige Ehepartnerin auf Schritt und Tritt regelrecht verfolgt und unablässig vor sich her jagt. Das kann Tage dauern. Um dieses Drangsalieren abzuwenden, wird sie schließlich nachgeben, mit ihrem Schnabel den des Angetrauten suchen und die Zustimmung zur Paarung signalisieren.

Mit dem intensiven Schnäbeln und dem gleichzeitigen Erregen der Organismen wird von beiden Geschlechtern bald der Höhepunkt der Geschlechtervereinigung, die Begattung, eingeleitet. Die Täubin duckt sich und der Täuber vollzieht mit dem Auffliegen und vereinigendem Aufeinanderpressen der Kloaken die Befruchtung. Fast ist es die Regel, dass nach erfolgter Kopulation der Täuber die Begattungsstellung einnimmt und eine Scheinbegattung durch die Täubin vollzogen wird. Hormongesteuert können sich die Artgenossen sowohl männlich als auch weiblich verhalten.

Das Verpaaren unterschiedlicher Taubenrassen bereitet keinerlei Schwierigkeiten. Ihre gemeinsame Herkunft gestattet, wenn man von den körperlichen Größenunterschieden einmal absieht, durchaus jedes Zusammenführen. Die Balzspiele unterscheiden sich rassebezogen zwar in Dynamik und Heftigkeit, in Temperament und Fluggewandtheit, sogar in der Lautstärke, weichen jedoch keineswegs vom artspezifischen Verhaltensmuster ab. Es sind Ähnlichkeiten, die sich mehr oder weniger – zumindest in der so artenreichen Vogelfauna – bei vergleichbaren Arten nur um Nuancen unterscheiden und keine Vermischungen zustande kommen lassen.

Die Paarung – Grundlage für die Arterhaltung.

BASTARDISIERUNG AUSGESCHLOSSEN

Die in unseren Regionen dicht beieinander vorkommenden wilden Ringel- und Hohltauben haben jeweils ganz spezifische Balzrituale; somit ist in der freien Wildbahn jede Bastardierung auszuschließen. Obwohl es schon gelungen ist, werden ohne Zwang Verpaarungen mit Haustauben nie erfolgen. Sicherlich wecken Kreuzungsversuche eine gewisse Neugier, was Anlass für experimentelle Versuche ist, geben sie doch in mancherlei Hinsicht über stammesgeschichtliche Entwicklungsvorgänge Aufschluss.

Interessant sind Verpaarungen zwischen Felsentauben und ihren domestizierten Nachfahren, den Haus- bzw. Rassetauben. In einer streng geführten Rassezucht wird es dort, wo sie zusammentreffen, jedem Felsentäuber gelingen, eine jahrelang existierende Haustaubenehe zu trennen. So rabiat, vergewaltigend und ungestüm sie auftreten, schrecken sie vor keiner Täubermacht zurück, um sich einer festverpaarten Täubin zu bemächtigen. Siegreich aus diesem Duell der erzwungenen Zuneigung hervorgegangen wird der Felsentäuber mit der Haustäubin für Nachwuchs sorgen, wohingegen es ein Haustäuber so gut wie nie schafft, einer Felsentäubin erfolgreich den Hof zu machen. Auf balzende Annäherungsversuche reagiert sie unbeeindruckt – eine Erfahrung, die solche Versuche schon bei jeder Annäherung scheitern ließen.

Die Fremdbefruchtung

Nur wer Taubenzuchtpaare von anderen getrennt unterbringt, sie eben innerhalb abgeschlossener Wände einzeln beherbergt, hat die absolute Abstammungsgarantie ihrer Nachkommen. Die Gefahr der Fremdbefruchtungen in einem Gemeinschaftsschlag nimmt mit dem Fortschreiten des Zuchtgeschehens immens zu, vor allem dann, wenn sich bei den Schlagbewohnern die Intervalle von Legebeginn und Schlupf zeitmäßig verschieben oder nicht festbrütende Täuber mit zeitweilig unbeschäftigten Täubinnen „flirten".

Nicht minder ist das erfolgreiche Abdrängen des Ehegatten durch geschlechtsneidische Rivalen vor bzw. beim Tretakt zu bewerten. In der Volierenhaltung kommt das häufig vor. Dafür gibt es plausible Erklärungen. Ohne hierbei die Verhaltensmuster menschlicher Etiketten infrage zu stellen, wollen wir den „Seitensprung" bei Tauben einmal näher betrachten.

Bei Menschen ist es offensichtlich so, dass in nahezu allen Kulturkreisen und deren unterschiedlichen Bevölkerungsschichten sich die Partner nicht ständig treu sind. Anstifter zum Sündigen kommen aus beiden Lagern; die Versuchung ist groß, die Evolution kennt keine Moral! Der Seitensprung ist beileibe keine Erfindung gelockerter Lebensauffassungen der modernen Neuzeit. Ursächlich stecken evolutive Fortpflanzungsstrategien dahinter, seitdem es Leben auf der Erde gibt. So jedenfalls verkünden es die Evolutionsbiologen.

Zurück zu den Tauben: Wenn Felsentauben in freier Wildbahn bis zur Geschlechtsreife überlebt haben, sind die optimalen Fortpflanzungsvoraussetzungen zur Arterhaltung bzw. dem Weitergeben des egoistischen Gens gegeben. Die Partnerwahl wird durch die Täubin getroffen. Sie sortiert unter den hartnäckigsten Bewerbern und entscheidet zugunsten ihrer Nachkommen, wer für sie als Vater infrage kommt. Sie wählt den vermeintlich stärksten Täuber aus.

Taubenpaare finden nicht von heute auf morgen zusammen. Bei Wildfängen sind beabsichtigte Verpaarungen in Volieren oft zum Scheitern verurteilt, weil eben die individuellen Auswahlkriterien nicht gegeben sind. Über ehebrechende Vergehen bei Felsentauben sind – im Gegensatz zu anderslautenden Mitteilungen mit erstaunlichen Ergebnissen aus der Vogelwelt – bislang keine gleich klingenden Freilandbeobachtungen bekannt geworden. Ob Umweltereignisse und überlebensnotwendige Wachsamkeit im täglichen Zeitgeschehen des Ahnengutes der domestizierten Tauben Fremdbefruchtungen – wenn überhaupt – zulassen, bleibt fraglich. Denn die ständige Suche nach Nahrung, verbunden mit weiten Flügen zu Futterplätzen, verführt währenddessen nicht zu außerehelichen Liebesbeziehungen. Den Haustauben ist diese Sorge genommen. Das Miteinander mit tagesfüllenden Ritualen ist daher von pikanterer Qualität. Beim Zusammentreffen von augenblicklich nicht an das Nest gebundenen Individuen beiderlei

Unvermeidbar: Geschlechtsneid ist bei den männlichen Tauben in einer Voliere besonders stark ausgeprägt.

Geschlechts nehmen reizauslösende Vorgänge somit einen nach menschlichem Ermessen freizügigen Verlauf.

In der Rassetaubenzucht sind die Zielsetzungen auf Ideale ausgerichtet. Hier trifft der Züchter die Geschlechterwahl und verpaart gemäß seiner Kenntnisse nach genetischen Gesichtspunkten und unter Berücksichtigung der Standardbeschreibungen die Qualitäten miteinander. Eventuelle Vitalitätseinbußen als Folge dieser widernatürlichen Manipulation verlangen wiederum züchterisches Geschick, um negative Erscheinungsmerkmale zu eliminieren.

Bei den durch Züchterhand praktizierten Zwangsverpaarungen ist es Zufall, wenn zwei Individuen zusammenkommen, die „wie füreinander geschaffen" sind, wie der resümierende Volksmund formuliert und weiter prognostiziert: „Die Natur rächt sich immer." Am Beispiel eines „Blenders", des überschätzten Phänotyps, oder eines Genotyps ohne Durchsetzungsvermögen lassen sich diese populären Folgerungen mehr oder weniger bestätigen, sonst würden wir sie nicht bejahen.

Spätestens jetzt wird dem interessierten Leser klar geworden sein, dass Fremdbefruchtung in den Rassetaubenbeständen kaum vermeidbar und eigentlich ein natürlicher Vorgang ist. Die Natur fordert eben ihr Recht. Wenn sich ein begattungsvollziehender Täuber abdrängen lässt, dann mag er im Ausstellungswettbewerb vielleicht als ausgezeichneter Sieger hervorgegangen sein, im wahren Leben jedoch spielt er nur eine untergeordnete Rolle. Für Schwächlinge hat die Natur auf der Bühne des Lebens keine Loge reserviert. Wenigstens erfüllt die Täubin – wenn ihr die freie Auswahl gegeben wird – ihre Lebensaufgabe, nämlich einem übermächtigen Bewerber den Vortritt zu geben.

Die Einzelpaar-Haltung

Einziges Ziel dieser Haltungsform ist es, den garantierten Abstammungsnachweis der Nachzucht zu haben. Eine Fremdbefruchtung ist ausgeschlossen. Es liegen aber auch rassebedingte Gründe vor, die seit nahezu einhundert Jahren einer solchen vorübergehenden Haltung bedürfen und zwangsläufig der züchterischen Abwägungen zufolge praktiziert werden. Weil es seit dieser Zeit zu einer beibehaltenen Tradition geworden ist, wollen die Züchter an dieser, wenn auch arbeitsmäßig aufwendigen, Praxis festhalten.

Über die Vorteile der sogenannten Boxenhaltung, das Ein-Paar-System, wie es in der populärwissenschaftlichen Literatur beschrieben ist, wird man nicht diskutieren müssen; die züchterischen Ergebnisse mit positivem Verlauf sind kaum von der Hand zu weisen. Was die Kritiker bedenklich stimmt, ist die Einschränkung der Tauben in ihrer Bewegungsfreiheit. Soweit sie dieses Bedürfnis überhaupt noch entwickeln, wird dagegen argumentiert.

Das Für und Wider

Die Einzelpaar-Haltung wird teils abgelehnt, teils findet sie klare Zustimmung. Mittlerweile hat sich eine Vielzahl von Züchtern für diese Zuchtmethode entschieden und bekennt sich in der Öffentlichkeit dazu, des Erfolges wegen die kontrollierte Vermehrung von Nachkommen in der Weise fortzusetzen. Dieses Verfahren anzuwenden will wegen des Aufwands wohlüberlegt sein.

Sozial lebende Tiere, wie es die Tauben sind, stellen den daseinsförderlichen Anspruch an die Vergesellschaftung, wie es bei Herdentieren wie Hühnern, Enten, Gänsen und auch Schafen üblich ist. Die Haustauben sind auf die Vergesellschaftung angewiesen, da sie – wie ihre Ahnen, die Felsentauben – in Kolonien brüten und in Schwärmen zur Nahrungsaufnahme ausfliegen. Einzeltiere haben sich entweder verirrt oder sind geschwächt. Das Sprichwort „Wo eine Taube ist, kommen noch viele hinzu" ist die Bestätigung für diese historische Feststellung.

Dennoch werden die Tauben zu den Distanztypen gezählt. Wie Schwalben, Stare und Möwen bewahren die Individuen zu ihren Artgenossen nebeneinander sitzend maßgenau die sogenannte „Individualdistanz" und lassen diese nie geringer oder größer werden, dann das wäre einerseits ein (bedrohliches) unangenehmes Zunahekommen, andererseits ein distanzierendes Absondern von der sozialgeprägten Gemeinschaft.

Soziale Gefüge reagieren im Verband zum Eigenschutz auf verschiedene Art. Tauben reagieren auf optische und akustische Signale mit sondierender Wahrnehmung oder Flucht. Vitalität verdanken sie der durch sie erfahrenen Selektion. Voraussetzung ist das Stillen der Bedürfnisse und deren Ausleben. Dazu

Abstammungsgarantie ist nur in Zuchten gewährleistet, wo Paare separat untergebracht sind.

zählt das Konkurrieren mit den Artgenossen, Dominieren um die Stellung in der Rangordnung, wenn auch nur andeutungsweise durch Drohgesten gemildert. Die Verteidigung des Brutreviers dient dem Schutz der Nachkommen, so wie die Balz und das Paaren evolutiv die Arterhaltung sichern.

An den hier aufgezeigten Lebensbedürfnissen gemessen ist die Haltung, wenn sie (mitunter) paarweise betrieben wird, abzulehnen.

Die Einzelpaar-Haltung ist ein brisantes Thema. Wer sich damit identifiziert, scheint augenblicklich noch mutig – nicht jeder bekennt sich in der Öffentlichkeit dazu; oft genug wird er dabei auf Misstrauen und Argwohn stoßen.

Kostete es schon großer Überwindung, die Tauben – zwangsläufig – in Volieren zu verbannen, folgt jetzt ein weiterer Schritt in die Verkleinerung des Lebensraums nicht aus Gründen der räumlichen Einschränkung, sondern im Ermessen der Effizienz – um nämlich das Zuchtgeschehen unter Ausschalten unangenehmer Begleiterscheinungen zu optimieren und qualitativ eine höhere Ausbeute zu erreichen. Dazu gehören das Verhindern von Futterneid, Aggressionsverhalten, Fremdbefruchtungen, Jungtierverluste und vieles mehr.

Nun haben die Menschen zu historischen Zeiten schon wissentlich Taubenrassen geschaffen, die nach unterschiedlichen Gesichtspunkten unserer Aufmerksamkeit bedürfen und nach Abwandlung der Urform teilweise eine regelrechte Betreuung verlangen, wie sie Haustiere eben nötig haben.

Jede – ob bei Pflanzen oder Tieren – angewendete Zuchtmethode bedarf der fürsorglichen Hand des Pflegers. Und so wird man eben in sensibilisierten Ausnahmen die Boxenhaltung kaum ablehnen, wenn sie unter Berücksichtigung

Die zeitweise Paarhaltung von Perücken-Tauben hat Tradition.

rassespezifischer Ansprüche wie auch zu erfüllender Umweltbedingungen mit großer Zuwendung praktiziert wird.

Haltungsbedingungen für ein Einzelpaar

Licht, Luft und Sonnenschein sind unverzichtbare Garanten für gesundes Leben und die grundlegenden Voraussetzungen für die Standortbestimmung. Erfolgt diese Haltungsform an einer innenliegenden Zuchtstätte mit anschließender Auslaufvoliere, sollte jede der beiden Bodenflächen in Anlehnung von Richtwerten mindestens 1 qm ausweisen. Bei der Zusammenlegung beider Lebensräume zu einer Fläche dürfte der Bewegungsraum nicht geringer ausfallen.

Die Raumhöhe sollte dem Flugvermögen der Insassen angepasst werden. Um dem lebensnotwendigen Miteinander der Tauben entgegenzukommen und damit den Individuen den zwar nur scheinbaren Verbleib in der Population gerecht zu werden, bedarf es unbedingt der Transparenz im Umweltbereich. In einer Taubengemeinschaft bleiben weder Regungen noch Handlungen verborgen, jeder Vorgang wird mit Gegenreaktionen beantwortet, auch wenn es bloß Lautäußerungen sind. Auf Drohgebärden folgen Erwiderung, Ausweichen oder Rückzug. Aggressionen sind Bestandteile des Tagesablaufs. Wo solche Anforderungen fehlen und nicht unter Beweis gestellt werden können, erlahmt das individuelle Selbstbewusstsein, erlischt das Konkurrieren mit der Lust auf Leben. Das spezifische Kräftemessen festigt jede Gemeinschaft und stärkt die Population im Innern ihres Gefüges stets mit dem Ziel der Vermehrung.

Ein geräumiges für die Einzelpaarhaltung in einem Rassetaubenschlag ausgestattetes Brutquartier.

Wer selbstkritisch mit den Vorgängen der Rassetaubenzucht umgeht, wird einsehen müssen, dass die Einzelpaarhaltung einen entwertenden Einschnitt in der traditionellen Taubenhaltung darstellt. Zur Vermeidung der Übervölkerung und Fremdbefruchtungen wäre eine drastische Reduzierung des gesamten Tierbestandes zweifellos sinnvoller.

Brut und Aufzucht

In optimaler Kondition legen Täubinnen innerhalb von zehn Tagen nach der Begattung das erste Ei. Das findet in der Regel am Spätnachmittag bis 18 Uhr statt; am übernächsten Tag während der Vormittagsstunden wird das zweite Ei gelegt. Die Eier sind von reinweißer Farbe. Wenn sie befruchtet sind, werden sie im Laufe der Brutzeit dunkler und erhalten einen bläulichen Schimmer.

Bei diesem zwölf Tage lang bebrüteten Gelege lässt die Farbe der Eischale erkennen, dass in absehbarer Zeit der Schlupf erfolgt.

Am Tage des Legens sind Täubinnen auffallend unruhig; dass sie bald legen, ist ihnen anzusehen. Die Bürzelpartie ist aufgewölbt, sie wippen mit den Steuerfedern und führen, wie beim Scheinputzen, den Kopf unter den Körper. Nach der Eiablage stehen sie meistens schützend darüber.

Das erste Gelege

Mit dem eigentlichen Brüten beginnen beide Tiere erst, nachdem das Gelege komplett ist – dann sitzen sie auf. Kann man die Brutpaare während dieser Zeit nicht beobachten, sollte man das erste Ei beschriften – am stumpfen Pol mit Zellennummer und Datum – und durch ein Gipsei ersetzen. Das Ei wird dann bei relativ hoher Luftfeuchtigkeit dunkel aufbewahrt; die günstigste Lagertemperatur liegt bei 10 °C. Bei einer Temperatur unter 5 °C würde das Brutei Schaden nehmen. Am Morgen des übernächsten Tages wird es zurückgebracht und ist dann beim Ankommen des zweiten Eies gleichwarm geworden. Der gleichzeitige Schlupf beider Küken ist somit vorprogrammiert.

Brütende Elternteile sitzen so auf dem Gelege, dass es mit der größtmöglichen Körperoberfläche bedeckt wird. Federn sind ein mangelhafter Wärmeleiter, deshalb haben sich im Verlauf des zyklischen Brutrhythmus an den bauchseitigen Federrainen die als Brutflecken bezeichneten nackten durchbluteten Hautflächen gebildet. Vor Legen des ersten Eies sind in diesem Bereich die Dunenfedern ausgefallen.

Die bis zu einem Brutbeginn vorübergehende Lagerung von Taubeneiern stellt – wenn sie so sicher wie hier aufbewahrt sind – kein Risiko dar.

Aufbewahren von Bruteiern

Aus welchem Grund auch immer müssen Bruteier manchmal gelagert werden, wenn kein Ersatzbrutpaar zur Verfügung steht. Das macht aber nichts. Bei sachgemäßer Behandlung wirkt sich – wie die beigefügte **Grafik** zeigt – die Schlupfrate nach sechs Tagen nicht wesentlich nachteilig aus. Gesicherten Ergebnissen zufolge lassen nach zwölf Tagen eine nur um 10 % geringere, nach 20-tägiger Lagerung noch eine um nur 30 % niedrigere Geburtsrate erwarten. Danach nimmt die Geburtsrate rapide ab. Nach 32 Tagen ist der Eikörper ohne jeden Lebenskeim steril.

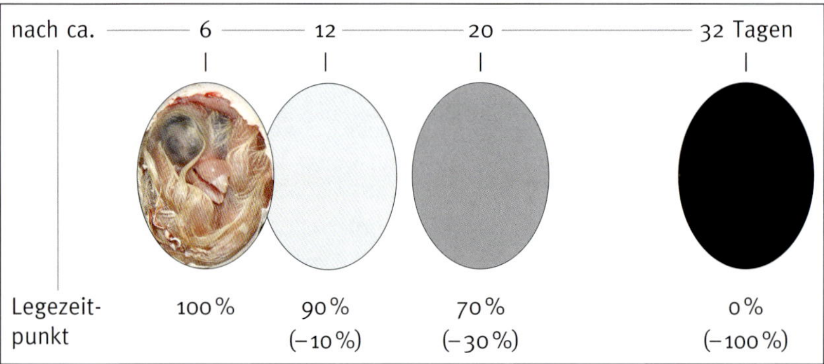

Mögliche Probleme

Bei Erstlegerinnen kommt es häufig vor, dass die Eier dünnschalig und demzufolge unbrauchbar sind. Aufgrund des Legeabstandes von nur etwa 42 Stunden wird das nächste Ei vermutlich genauso mangelhaft ausfallen. Strapaziert durch solche negativen Legeintervalle wäre die infolgedessen geschwächte Täubin über die gesamte Saison hinweg so gut wie verloren.

Um diesen Elternteil eines davon betroffenen Zuchtpaares in solchen Ausnahmefällen zu therapieren, wird ihm wenigstens ein befruchtetes Ei von einem anderen Brutpaar untergelegt. Steht keins zur Verfügung, erfüllt eine Eiattrappe vorübergehend denselben Zweck, bis ihm später ein fünf Tage altes oder älteres Jungtäubchen anvertraut wird.

Bei sonst organisch gesunden Tieren wird sich die anfängliche Legeschwäche infolge einer mineralreichen Fütterung von selbst regulieren. Ist die Täubin im üblichen Zuchtrhythmus angekommen, wird sie wieder ein festschaliges Gelege hervorbringen.

Unter Legenot leiden Täubinnen selten. Wenn, dann sind überwiegend junge, meistens im Winter bei niedrigen Temperaturen angepaarte davon betroffen. Von Legenot gezeichnete Täubinnen wippen rhythmisch mit dem Schwanz, ihre Bürzelpartie ist aufgewölbt. Bei Pressversuchen krümmt sich das Tier. Die Augen sind getrübt und glasig, die Augenlider schwellen an. Teilnahmslosigkeit und gesträubtes Gefieder sind alarmierende Anzeichen für sofortiges Handeln.

Das Tier muss eiligst isoliert in einem Behälter an eine ruhige Stelle gesetzt und mit Wärme versorgt werden. Als erste Hilfsmaßnahme wird gleichzeitig – ohne hierbei das fühlbare Ei zu betasten – durch die Afteröffnung mittels einer Pipette handwarmes Speiseöl eingeflößt. Erst später – sofern sich das Ei nicht zeigt – wird man versuchen, durch feines Massieren des Unterbauches den Legevorgang in Bewegung zu bringen. Bei erfolglos bleibenden Bemühungen hilft nur noch der Gang zu einem Tierarzt.

Mit Blutspuren gekennzeichnete Eier – wie es gelegentlich das erste von einer jungen Täubin gelegte Ei auf seiner Oberfläche zeigt – lässt in wiederholten Fällen auf chronische Erkrankungen des Legeapparates schließen. Dass hier schließlich die Konsultation einer Tierarztpraxis notwendig wird, dürfte jedem klar sein.

DAS SCHIEREN

Nach vier Bruttagen ist zu erkennen, ob das Gelege befruchtet ist oder nicht. Mithilfe einer Taschenlampe geschieht dies durch das „Schieren" der Eier, also das Durchleuchten, indem man sie gegen den Lichtstrahl hält.

Später reicht dem Routinier der erfahrene Kennerblick ohne Hilfsmittel auf das blanke Gelege. Wenn eins der Eier unbefruchtet ist, bleibt es im Nest liegen; sind es beide, wird von einem anderen Paar ein befruchtetes Ei untergelegt.

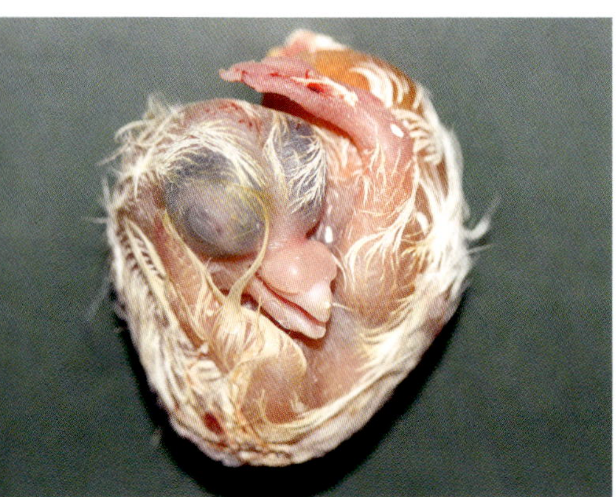

Bevor der Schlupf ins Leben beginnt, geht es in einer umschließenden Eihülle eng zu.

Wiederholen sich die negativen Reproduktionsergebnisse bei jungen Paaren, kann ein Umpaaren oder ein Verpaaren mit Reservetieren für Klärung sorgen. Ursächlich muss das nicht gleich ein Hinweis auf eine Konditionsschwäche sein. Solche Vorkommnisse sind sehr häufig die Folge von übersetzten Taubenschlägen, das größte Übel in der Tierhaltung überhaupt. Bei frei fliegenden Tauben kommt das kaum vor. Geraten sie aber unter engen Verhältnissen in das Blickfeld der Mitbewohner, wird der Geschlechtsneid erregt und die Täuber werden versuchen, den Ehegatten vom Vorhaben der Kopulation abzudrängen.

Der Brutverlauf

Mit der Brut einhergehend wird während des Festsitzens der werdenden Eltern bereits vom 4. bis 6. Tag an die Anfangsnahrung im Kropf, die Kropfmilch, gebildet. Etwa drei oder vier Tage vor dem Schlupf wären die Eltern in der Lage, mit der Fütterung zu beginnen. Die Kropfmilch besteht aus 75 % Wasser, 12,5 % Eiweiß (Proteine), weiterhin aus Nicht-Proteinen, Fetten und Nicht-Mineralstoffen.

In südlichen Regionen wie zum Beispiel im Orient dauert die Brutzeit 15 oder 16 Tage, in unseren Breitengraden 17 bis 19, im Durchschnitt 18 Tage. Sofern es geringe Brutunterbrechungen gegeben hat oder auch Eier erst nach zeitweiliger Lagerung bebrütet worden sind, verschiebt sich das Schlüpfen um einige Tage über den üblichen Zeitpunkt hinaus.

Im Zuchtgeschehen ist das für den Züchter ein sehr hoffnungsvoller Zeitabschnitt, den er zuversichtlich begleiten wird. Er wird – je nach Bedürfnis seiner Tauben – ihnen wöchentlich mindestens ein- oder auch mehrmals ein Wasserbad bereitstellen. Dies ist wichtig, um für die für das Gelege erforderliche Feuchtigkeit zu sorgen. Frei fliegende Tauben ersetzen ausgebliebene Regengüsse mit dem Einbringen von frischen, abgezupften Grashalmen oder anderem Grünwuchs. Für brütende Tauben ist das Wasserbaden besonders an Tagen vor dem Schlupf sehr wichtig. Die trockene, den Taubenembryo umschließende Eiinnenhülle, die Eihaut, sowie feste Bruteischalen werden den Küken nicht selten zum Verhängnis – sie bleiben stecken, das heißt, sie ersticken dann.

Bildung der Kropfmilch während der Gelegebrütung im Zeitraum von zwei Bruten.

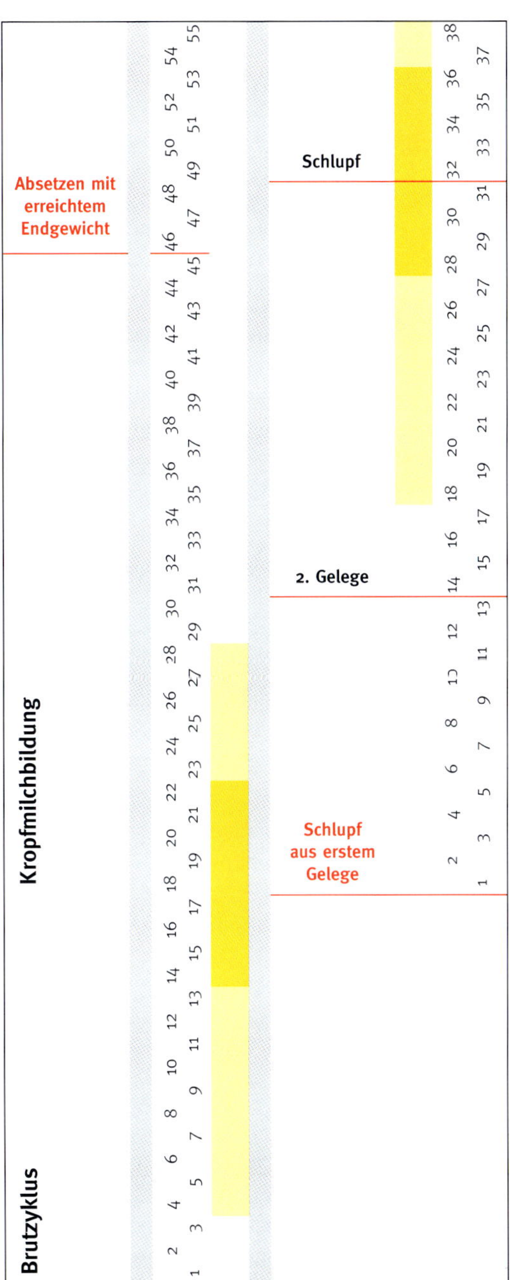

Während sich das zuerst geschlüpfte Taubenküken von seinen Geburtsstrapazen erholt, ist das Geschwister bemüht, ihm in das bevorstehende Leben zu folgen. Die verbliebene Eischalenhälfte könnte hierbei zum Hindernis werden.

Dass sich die Geburt anbahnt, zeigen uns die Taubeneltern durch festes Sitzen und mit raschem Partnerwechsel an. Mit Erreichen des 16. Bruttages bemüht sich das Küken, aus seiner Ummantelung herauszukommen. Darauf vorbereitet sind die Eltern schon mit der gebildeten Kropfmilch. Hält man sich ein solches Ei ans Ohr, hört man die befreienden Bewegungsgeräusche während des Schlupfvorganges – ein wirklich schönes Zeichen für das erwartungsvolle Geburtsereignis.

Selbst wenn angeblich Probieren über Studieren gehen soll, muss man sich von Zufallsereignissen nicht aufhalten lassen. Findige Züchter tun das keinesfalls. Präzision ist die auf Dauer von ihnen gepflegte Maxime. Ohne dies würden die Nachzuchterfolge ausbleiben. Die Aufzucht von Taubenküken basiert auch bei normalem Verlauf auf Erfahrungen. Versierte Züchter führen positiv bewältigte Begebenheiten aber auch auf strategische Überlegungen zurück.

Grundvoraussetzung für kleine Wagnisse ist die Kenntnis der Zyklen von den organisch-biologischen Zeitabläufen der Tauben.

Übersicht über den Brutverlauf

- Nach der Anpaarung erfolgt die Ablage des ersten Eies am 7. oder 8., des zweiten Eies am 9. oder 10. Tag.
- Die jeweilige Eibildung benötigt etwa 41 Stunden.
- In der Regel reicht eine einmalige Kopulation aus, um ein Gelege, also beide Eier, zu befruchten. Üblich sind aber mehrere Kopulationen.
- Zeitweilige massive Brutunterbrechungen oder Störungen führen zum Absterben des Kükens im Ei vom 1. bis 4., vom 6. bis 12. und vom 15. bis 17. Bruttag. Während dieser Zeitabschnitte schreitet die embryonale Entwicklung am stärksten voran.
- Die Kropfmilchbildung beginnt mit zunehmender Substanzqualität am 4. bis 6. Tag. Mit dem 14. Bruttag erreicht die Kropfmilch ihren höchsten Nährwert.
- Ab dem 5. oder 6. Lebenstag der Küken nimmt der Körnerfutteranteil zu.
- Die Elterntiere erzeugen zwölf Tage lang, dann reduzierend bis zum 22. Tag noch Kropfbrei. Zwischen dem 25. bis 28. Tag wird die Produktion eingestellt.

Vom Schlupf und danach

Ausgehend vom Anpicken bis zu seiner völligen Befreiung aus der Eischale benötigt das Taubenküken ungefähr 48 Stunden. Der Schlupf ist ein bewundernswerter Vorgang, auch wenn er sich unter den Eltern auf einer meistens sehr harten, für Taubenbabys eigentlich gar unbequemen Nestunterlage vollzieht.

Ist erst einmal das sogenannte Fenster in der Eioberfläche geöffnet und der Dottersack eingezogen, dauert es nach Eintrocknen der Blutgefäße nicht mehr allzu lange, bis die beiden Schalenhälften auseinanderbrechen und den Weg in das Leben freigeben. Falls die Halbschalen von den Eltern nicht entfernt werden, wird es der von Erwartung geplagte Taubenwirt selbst tun. Will er vor Schaden bewahrt bleiben, muss er es sogar, um zu vermeiden, dass nicht eine Schalenhälfte über das noch verbliebene Ei gestülpt das Geschwister daran hindert, zur Welt zu kommen.

Während das Elterntier zur Nahrungsaufnahme das Nest verlässt, ersetzt das verbliebene Ei als Wärmeersatz das Geschwister.

Das Gewicht der Küken

Das Küken wiegt bei der Geburt etwa 10 bis 20 g, eventuell auch mehr, aber erst mit dem Hochrecken des Köpfchens nach einem halben Tag wird es zum ersten Mal gefüttert. Dann nimmt es schnell zu und hat sein Gewicht in kürzester Zeit verdoppelt. Nach vier Wochen hat es beim Absetzen schon das Zwanzigfache des Geburtsgewichts erreicht. Wenn es eins von den schweren Rassen ist, fällt die Zunahme sogar noch deutlich höher aus. Hühnerartige Küken schaffen vergleichsweise eine derart enorme Gewichtssteigerung nicht, es sei denn, sie wären – wie Experimente gezeigt haben – mit der überwiegend aus Eiweißstoffen bestehenden Kropfmilch von Taubeneltern versorgt worden. Obschon dieser Brei einen verhältnismäßig hohen Wasseranteil enthält, ist es ein hochkonzentriertes Nahrungsmittel. Der Kropfinhalt eines Taubenkükens beträgt übrigens am vierten Lebenstag etwa 20 %, also ein Fünftel des Körpergewichts, nach zwei Wochen etwa 14 % und nach einer weiteren Woche nur noch 5 %.

Das zuerst geschlüpfte Taubenküken hat nach der Futteraufnahme ein Gewicht von 12 g.

Mit 10 g Geburtsgewicht beginnt das Leben dieses Täubchens.

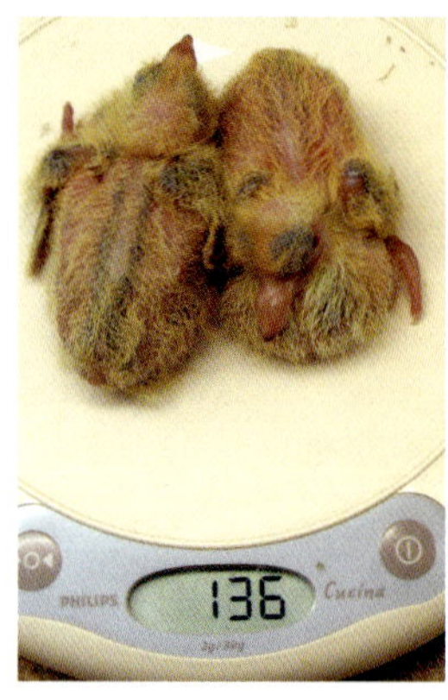

Schon nach wenigen Tagen ist das Gewicht der Küken ausgeglichen. Wo den Taubeneltern ein Ausgleichen nicht gelingt, werden die Jungtauben gegen Tiere gleicher Entwicklungsstufe aus einem anderen Nest ausgetauscht.

Kontrolle ist wichtig

Der Züchter wird nun vom ersten Tag an seine Aufmerksamkeit besonders auf die Elternfamilie richten und kontrollieren, wie die junge Brut vorankommt. Er wird vorsorglich auf das nachwachsende Gefieder und zwischen das Federwerk schauen und es nach Parasiten absuchen. Morgens und abends wird er routiniert registrieren, wo nachzuhelfen ist. Zum Tagesabschluss in der Dunkelheit wird er die Nistzelle wahrscheinlich mit einer Taschenlampe ausleuchten, damit die Alttauben ihre Nistzelle nicht verlassen. Er wird darauf achten, dass während des fortlaufenden Brutgeschäfts der Täuber bei den noch nicht voll befiederten Jungen sitzen bleibt. Sind sie nachher einigermaßen selbstständig, wird er trotzdem die Kröpfe abfühlen, um festzustellen, ob sie ausreichend mit Wasser gefüllt sind.

Wie sieht die Beschaffenheit des Kotes aus? Bleibt er bei den Küken im Nest liegen, dann haben sie es nicht geschafft, ihn über den Nestrand hinaus zu befördern. Sofern sie es nicht schaffen, weil sie zu kraftlos sind, könnte eine Infektion der Grund dafür sein. Im Nest verbliebene Rückstände geben zu denken, besonders wenn sie wässrig sind.

Zu gegebener Zeit hat der Züchter den BR-Ring aufgezogen und sich Gedanken gemacht, in welcher Brutzelle gleichaltrige Küken erst später, also noch nicht so weit entwickelt waren. Waren die Eltern nachlässig oder woran hat es gelegen? Sind Krankheiten im Anzug, Gelber Knopf womöglich? All diese Dinge sollten im Zuchtbuch vermerkt werden. Wenn es an den Alttieren liegt, wird der Verdacht bei der nächsten Brut bestätigt.

Die Taubeneltern produzieren etwa zwölf Tage lang die Kopfmilch, wobei die Menge immer weiter reduziert wird. Mit dem 5. oder 6. Lebenstag der Küken steigt der Körneranteil in der breiigen Nahrung. Wenn sie – es kommt auf die Rasse an – zu den Frohwüchsigen gehören, werden sie im Alter von etwas mehr als zwei Wochen immer neugieriger und zeigen Interesse am Schnabel der Alten. Wenn beim Füttern ein Korn zu Boden fällt, picken sie danach. Und das ist der Zeitpunkt – sofern man noch nicht vorher damit begonnen hat – Futter- und Trinknapf in die Heimstatt der Taubenfamilie zu stellen.

DER ERSTE KONTAKT MIT WASSER

Interessant ist, wie Taubenküken beim Einbringen des Wassernapfes reagieren: Sie werden zum ersten Mal in ihrem Leben mit Wasser konfrontiert und zeigen gleich Interesse am Baden. Sie legen sich daneben, schütteln sich, als würden sie vom Nass umgeben sein, wie später, wenn sie nach dem Absetzen mit dem Wasserbad in Berührung kommen. In diesem Alter sind die Kleinen ohnehin am lernfähigsten. Nur wenige Tage benötigen sie, um die Nahrung selbst aufnehmen zu können. So helfen denn auch am Trinkwassernapfboden liegende Futterkörner, um das Täubchen zum Hineinpicken anzuregen, mit dem Ergebnis, dass die Kleinen gelernt haben, sich selbst zu ernähren.

Während der Nestlingszeit ist der Züchter seinen Tauben so nahe wie nie. Mit dem vertrauten Umgang der Elterntiere beginnt bereits die Pflege der Nachfolgegeneration. So werden die Weichen für die später noch auszuwählenden Ausstellungskandidaten gestellt. Unterschiede werden hierbei nicht gemacht. Denn erst nach der Mauser zeigen die mutmaßlichen Preisträger, ob sie wirklich Erfolg haben. Deshalb wird der Züchter sich intensiv mit ihnen beschäftigen, ganz besonders, wenn die Zeit des Absetzens kommt.

Der direkte Kontakt zwischen Mensch und Tier ist förderlich für eine feste Bindung; je häufiger in die Hand genommen, umso zutraulicher werden die Tiere künftig sein.

Dem Züchter entgeht insbesondere während der Nestlingszeit seiner Jungtauben nichts. Auch die Taubeneltern werden von Zeit zu Zeit in die Hand genommen und kontrolliert. Wie verläuft die eventuell zu früh eingesetzte Mauser? Sind sie frei von Federlingen? Bei den Jungtieren kündigen Schwingenform und -breite an, wie vital sie sind. Federschäden – durch Fütterungsdefizite entstanden oder genetisch bedingt – sind untrügliche Schwächungen und mit Aufzeichnungen im Zuchtbuch festzuhalten.

Spätere Bewertungsmängel – wie der helle Schnabel eines der Nestjungen – sind bereits in diesem Alter zu erkennen …

… ebenso wie auch die Überzeichnung mit weißen Schwingen bei dieser Rassetaube.

Wer Hoffnungsträger aufziehen will, achtet vor dem Absetzen auf die allgemeine Verfassung der Jungtaube. Tauben in diesem Alter haben noch einen gefüllten Hinterleib und geräumigen Beckenabschluss. Das sollte sich rasch ändern. Die Fülle muss zurückgehen, die Beckenknochen müssen stabiler werden. Erfolgt das nicht, werden sie ein Leben lang hiervon gekennzeichnet sein.

Zum Absetzen ausgewählte Jungtauben müssen beim Stehen das Gleichgewicht halten können und den Schwanz zum Abstützen nicht mehr benötigen. Beim Zugreifen sollten sie mit Kampfgeist einen Flügel heben und mit Gegenwehr reagieren, also Mut beweisen durch Zuhacken. Werden sie in die Hand genommen, sollten sie sich schnell beruhigen und sich nicht mehr gegen die Umklammerung stemmen. Wenn dem so ist, zeigt der bisherige Umgang zwischen Pfleger und Taube ein vertrautes Einvernehmen.

Dieser flügge werdende Elsterkröpfer mit exakter Zeichnung und geradem Brustbein lässt einen Hoffnungsträger erwarten.

Ersatzeltern

„Nesthocker“ Taube ist darauf angewiesen, ab dem Aufbrechen der bis dahin schützenden Eischale von seinen Eltern versorgt zu werden. Nach etwa vier Wochen verlassen die Haustaubenjungen ihr Nest. Dann sind sie einigermaßen selbstständig. Die Jungen der Hühner- und Entenvögel, die wir Rassegeflügelzüchter pflegen, sind hingegen „Nestflüchter“. Mit dem Schlupf verlassen sie die Brutstätte. Sie benötigen bloß den elterlichen Schutz und anfangs Wärme. Nach kurzer Anleitung durch die Eltern nehmen sie dann instinktiv selbst die Nahrung auf.

Aufzucht der Kurzschnäbler

Wie wir sehen, geht die Natur recht seltsame Wege. Ihre Launen sind sehr vielfältig. Und nicht nur das: Sie bietet großzügig an, mit und in ihr zu experimentieren.

Kurzschnäblige Tauben sind in der Aufzucht des Nachwuchses sehr fürsorglich.

Es begann mit der Zähmung von Wildtieren und der Haustierwerdung, um die Tiere zu nutzen. Es erfolgt aber aus Freude der Menschen an Tieren und den Wunsch, sie zu verformen und in unterschiedlichen Spielarten zu züchten.

Dazu gehören die Rassetauben wie zum Beispiel die kurzschnäbligen Mövchen und die Tümmler, von den Insidern die „Kurzen" genannt. Unter den Kurzschnäblern sind auch einige ausländische Kröpfer zu finden. Formentauben und andere bilden traditionell hierbei keine Ausnahme. Es sind spezielle Taubenrassen, die aufgrund ihres kurzen Schnabels von langschnäbligen Artgenossen aufgezogen werden müssen. Sie wurden von Menschen vor etlichen hundert Jahren geschaffen und genießen seit Generationen in menschlicher Obhut aufmerksame Fürsorge.

Das Erscheinungsbild dieser Rassen hat einen Aufschwung genommen zum Vorteil dieses Merkmals. Der Kreis der Sympathisanten ist darum bemüht, sein Spezialistentum nicht einzuschränken. Im Gegenteil: In der Weitergabe ihrer Kenntnisse in der praktischen Aufzuchtmethode mit Ersatzeltern sehen sie nach wie vor den Erhalt dieser kurzschnäbligen Traditionsrassen als sichernden Anreiz. Die Züchter von Kurzschnabeltauben haben pflegerisch einen Zeitaufwand zu bewältigen, der freilich nicht jedermanns Sache ist. Hier genügt nicht nur ein gutes Gedächtnis. Selbst die Zuchtbuchführung unterscheidet sich zu den üblichen Eintragungen dort. Immerhin wird bei der Haltung von Reservepaaren doppeltes Schrifttum verlangt. Es wird aufgeschrieben, was von enormer Bedeutung ist und über den Zuchterfolg in der klassischen Parallelzucht entscheidet.

Wobei sich immer wieder die Frage stellt: Welche Tauben bzw. Rassen sind die fürsorglichsten Zweiteltern?

Ohne daraus ein Geheimnis zu machen, lautet die Antwort der Erfahrenen: Die individuellen Charaktereigenschaften des sich selbst aufgebauten Stammes sind viel mehr ausschlaggebend als die nachgesagte Zuverlässigkeit bewährter Rassen.

Der Einsatz von Brieftauben eignet sich hierfür nicht so gut. Sie sind zwar kükenfest, aber in ihrer Größe erscheint der Umgang mit der zierlichen Nachzucht doch zu ungestüm. Kreuzungsnachkommen aus verpaarten Brief- und Pfautauben gezogen erweisen sich dagegen als sehr umgänglich und zuverlässig. Vor Jahrzehnten schon zählten Lachtauben zu den vorzüglichen Pflegeeltern kleiner Rassen, aber auch Rassen wie Kopenhagener Flugtümmler, Farbentauben und andere, die in Größe und Temperament nicht sonderlich voneinander abweichen. Wer vor dem Problem steht, eine Auswahl zu treffen, wird nicht umhinkommen, den damit vertrauten Züchter zu befragen.

Das Verhältnis der Kurzschnabelpaare zu den Zieheltern sollte mindestens über 1:1, besser 1:2 und darüber hinaus betragen. Züchter mit einer respektablen Anzahl von Zuchtpaaren stehen hierbei großen Beständen gegenüber, deren Betreuung Bewunderung verdient. Die Überwachung von Anpaarung, Eiablage, Schlupftermin, Zeitpunkt des Beringens bei allen vorhandenen Taubenpaaren zu meistern, verlangt höchste Konzentration. Wie kaum anderswo in der Rassetaubenzucht ist ein solches Unternehmen nur mit exakter Zuchtbuchführung zu bewerkstelligen.

Die Geburten der Jungtauben beider Fortpflanzungsgemeinschaften dürfen nur um wenige Tage versetzt, also fast zur gleichen Zeit erfolgen – ein Ereignis, das eben nicht dem Zufall überlassen bleiben darf. Die Regelung der Bebrütung, das heißt das Wegnehmen und Aufbewahren der Eier über nur wenige Tage, um sie später in den günstigen Brutverlauf einzuordnen, gehört zur gewissenhaften Zuchtarbeit. Bestimmte Zeiträume – in einem vorangegangenen Kapitel beschrieben – lassen sich natürlich überbrücken, wie der Routinier in der Praxis oft genug in Erfahrung bringen wird. Wer die Zuchtpaare – hüben wie drüben – einzuschätzen vermag, wird entweder die Gelege austauschen oder später dann die mit einem Filzschreiber gekennzeichneten Küken. Das wird von Rasse zu Rasse unterschiedlich praktiziert.

Das Gedeihen der Jungen mit unterschiedlicher Schnabellänge verläuft bei der immer wieder bescheinigten Frohwüchsigkeit im Vergleich zu Feldtaubentypen ohne Einbuße ihres Vitalitätspotenzials nicht langsamer. Es bereitet Kurzschnabeleltern keine Schwierigkeiten, die ersten acht Tage lang die eigenen Jungen zu atzen. Spätestens dann ist der Zeitpunkt gekommen, um die kurzschnäbligen Taubenküken ihren bei den noch Kropfmilch führenden Pendants anzuvertrauen sowie im Gegenzug auch dort ein oder zwei Junge aufziehen zu lassen. Somit kommen die „Kurzen“ weiterhin in den Genuss des so energiereichen Kropfbreies.

Das weitere Vorgehen im Austauschverfahren der Taubenjungen unterscheidet sich von der traditionellen Jungtieraufzucht nicht. Wachsamkeit, was die alltäglichen Nestkontrollen betrifft, verbunden mit Ideenreichtum in Situationen, in denen nicht gerade Ersatzeltern zur Verfügung stehen, können sehr hilfreich sein. Sie gehören zum Alltag der Rassetaubenzucht.

Von der Züchterschaft werden Ziehelterneinsätze bei normal- und mittelschnäbligen Rassen grundsätzlich abgelehnt. Handelt es sich hierbei doch um Tiere, bei denen sich die immer mehr nachlassende Fürsorge vor Jahrzehnten schon anzeigte – eine sträfliche Entwicklung, die später noch näher beschrieben wird.

Beringen

So wichtig, wie für uns Menschen die Geburtsurkunde und der Personalausweis sind, ist für die Tauben der Bundesring (BR) – für jedes Rassegeflügeltier ein lebenslanger Existenznachweis. Er wurde im Jahr 1894 eingeführt und ist seit 1897 bei größeren Schauen zur Pflicht geworden. Er ist die im Stammbuch des BDRG verewigte, einzige anerkannte Legitimation, die das Einzeltier kennzeichnet. Eine Taube ohne diesen mit diversen Prägungen versehenen, ihren Fuß umklammernden Ring ist zwar nicht wertlos, aber benachteiligt, weil sie an keinem der von der Dachorganisation, dem BDRG, und von allen seinen Fachverbänden ausgeschriebenen Wettbewerben teilnehmen darf.

Bezogen auf den Durchmesser des Mittelfußknochens bzw. Unterschenkels (bei belatschten Rassen) reglementiert das Ringgrößenverzeichnis der nach Rassen unterschiedenen Tauben jeweils eine lichte Weite mit einem Durchmesser von 7 bis 13 mm. Wenn Rassen dazu neigen, stärker zu werden und infolgedessen einen größeren Durchlass benötigen, kommt es von den sie betreuenden Sondervereinen zu gerechtfertigten Änderungsvorschlägen. Normgerecht hierbei ist jedenfalls stets die im Deutschen Rassetaubenstandard manifestierte Angabe der aktuell geltenden Ringgröße. Wenn sich bei einem Ausstellungstier der (größere) Ring jedoch nicht abstreifen lässt, wird es – je nach vorangehender Abstimmung bei einer Wettbewerbsbewertung – vom Preisrichter nicht ausgeschlossen.

Ordnung muss sein: Das Ringdepot ist übersichtlich und griffbereit angeordnet.

WENN DER RING ZU ENG IST

Es kann immer mal wieder vorkommen, dass das Aufziehen des Ringes zur rechten Zeit versäumt wurde. Der Ring selbst lässt sich nicht dehnen, also wird versucht, ihn dennoch über den Fußballen zu ziehen. Eine schmerzhafte Tortur soll es aber nicht werden. Deshalb wird der gesamte Taubenkükenfuß mit warmem Öl beträufelt und mit beruhigendem Zuspruch dem Täubchen zugewandt die Gelenkwulst des Gehwerkzeuges massiert.
Ohne Gewalt gelangt es dann vielleicht doch noch, der Taube eine Identität zu geben.

Es ist Praxis, die Elternpaare mit gleichfarbigen Kunststoffringen zu kennzeichnen. Ein dritter an der Nistzelle dieser Fortpflanzungsgemeinschaft angebrachte Ring in dieser Farbe wird uns dann stets den Weg zeigen, welches der Tiere oder welches Paar in welcher Nistzelle zu Hause ist. Demzufolge werden alle ihre Nachkommen denselben Farbring tragen. Das erleichtert die Übersicht, wenn mehr als nur zwei, drei Generationen den Gesamtbestand ausmachen und dort, wo mehrere Rassen gezüchtet und in größeren, nicht von jedem Züchter überschaubaren Mengen gehalten werden.

Diese Ringe werden in mannigfaltigen Farbensembles angeboten. Beim Kauf sind sie auf ihre Qualität, das heißt Elastizität, hin zu prüfen. Nicht jeder Spiralring ist biegsam und leicht zu handhaben, ohne Gewalt anwenden zu müssen, auch wenn man ihn wegen seines farbenfrohen Aussehens gekauft hat.

Bei seiner Einführung – zunächst „CR-Fußring“ (Club-Fußring) genannt – war es Vorschrift, ihn rechts und vom Menschen aus gesehen lesbar anzulegen. Mittlerweile ist man davon abgekommen. Es ist egal, an welchem Bein und wie er aufgezogen ist. Findige Leute haben für alle, die jährlich nicht mehr als vier Bruten zulassen, eine nachahmenswerte, leicht merkfähige Beringungsmethode entwickelt:

1. Brut: rechtes Bein mit normal angelegtem Ring
2. Brut: rechtes Bein mit dem Ring auf dem Kopf stehend angelegt
3. Brut: linkes Bein mit normal angelegtem Ring
4. Brut: linkes Bein mit dem Ring auf dem Kopf stehend angelegt

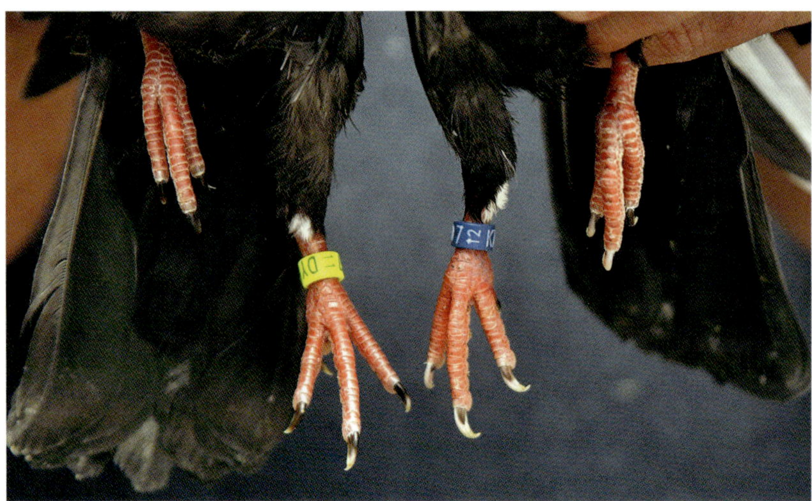

Mit der beschriebenen Beringungsmethode ist schon von Weitem zu erkennen, zu welcher der vier Bruten eines Jahres die Taube gehört.

So kommt der Züchter nie in die Verlegenheit, zeitraubend im Zuchtbuch lange nachzuforschen, aus welcher Brut und zu welcher Zeit das Tier gefallen ist.

Die Preisrichter allerdings möchten während einer Handbewertung die Ringinitialen am liebsten aus ihrer Sicht besehen ablesen können – also auf dem Kopf stehend aufgezogen.

Bei belatschten Tauben sitzt der Ring am befiederten Unterschenkel, bei den übrigen wird er am Mittelfußknochen getragen.

Von der EE (Entente Europeene d`Aviculture et de Cuniculture, gegründet 1938) auf Jahre hinaus gesteuert, wechselt die mittlerweile international eingeführte Ringfarbe im Sechs-Jahres-Rhythmus. Genauso lange kann eine Taube ausgestellt werden. Dabei wird das Ringjahr mitgezählt. Der in Deutschland gültige Ring trägt die Inschrift „D" für Deutschland.

Das Bestellen der Ringe erledigt normalerweise der Vereinsringwart; Verteilung und Versand erfolgen durch oder im Auftrag des Landesverbands. Die Rechnung ist gleichzeitig der Ringausweis – ein wichtiges Dokument, sozusagen die Besitzurkunde, wenn das Eigentum bei Wettbewerbsbeteiligungen nachzuweisen ist, wie beispielsweise auf Meldepapieren, wo die Angabe „Eigene Zucht, ja oder nein" anzugeben ist.

Einen Zweitring dürfen unsere Ausstellungstauben nicht tragen; als „gekennzeichnet" würden sie von der Bewertung ausgeschlossen.

Im Orient ist es üblich, Tauben Schmuckringe oder auch Goldkettchen mit gefassten Juwelen anzulegen. In Europa erlaubt das neutrale Schauwesen bei Ausstellungstieren aber nur den von der EE vorgeschriebenen Fußring. Jeder weitere käme einer Kennzeichnung gleich und würde das Tier von einer Bewertung ausschließen.

Im Orient werden den Tauben Schmuckringe angelegt wie farbige aus Kunststoff, aber auch wertvolle aus verschiedenen Materialien von Künstlern geschaffene. Mitunter sind es goldene Kettchen und auch solche mit Edelsteinchen bestückt.

Die Zellenfütterung

Die Fütterung einer Taubenfamilie in ihrer Heimstätte ist eine hilfreiche Maßnahme, um zum einen flügge werdende Tauben auf dem Weg des Erwachsenwerdens an die selbstständige Nahrungsaufnahme zu gewöhnen und zum anderen die ohnehin strapazierten Eltern zu entlasten. Denn sind die Jungen zwei Wochen alt, beginnen Zuchtpaare von fruchtbaren Rassen mit der Brut eines folgenden Geleges. Um brütende Alttiere zur zeitweiligen Nahrungsaufnahme vom Verlassen des Geleges abzuhalten, ist während kalter Tage eine Zufütterung in der Zelle besonders vorteilhaft.

In diesem Alter äußern vitale Nestjunge Neugier, nämlich Lernbegierde, indem sie von den Eltern nachahmend zu unterscheiden lernen, was ein geeignetes Nahrungsmittel ist. Ihr Wille, sich selbst zu versorgen, kommt uns demnach

Um die Taubeneltern zu entlasten, aber auch um die Entwicklung der Jungen zu fördern, werden diese bereits in der Brutzelle zum Selbsternähren angehalten.

entgegen, ihnen gefüllte Futter- und Trinkwasserbehälter vorzusetzen. Je schneller sie es lernen, umso früher können sie abgesetzt werden. Im Vorteil sind hier Zuchten, in denen vorgekeimte Körner einen Teil der Tagesrationen ausmachen.

DIE WASSERAUFNAHME

Erfahrungsgemäß dauert es länger, die Trinkwasseraufnahme zu erlernen. Deshalb sind gerade während dieser Lernphase Kropfkontrollen an solchen Jungtieren unabdingbar, damit sie nicht trotz eines prall gefüllten Kropfes sozusagen verhungern! Wasser ist wichtig. Um ihnen Vorverdauungserleichterung zu verschaffen, ist schnelle Hilfe vonnöten. Taubenjünglinge lernen mit Trinkwasser umzugehen, wenn sie – angelockt durch am Napfgrund liegende Futterkörner – damit in Berührung kommen. Den Schnabel mehrmals eingetunkt, werden sie genauso bald verstehen, sich davon zu bedienen.

Fütterung verschiedener Rassen

Werden in einem Taubenschlag mehrere Rassen unterschiedlicher Größe, Temperament und mit unterschiedlicher Schnabellänge gehalten, ist es sinnvoll, sie in der Brutzelle zu füttern, allein deswegen, um Futter jeweils in schnabelgerechter Körnergröße anbieten zu können. Es kommt auch auf die Körnermischung an. Wo Bedarf an Mais besteht, er aber an anderer Stelle farblich negative Auswirkungen hinterlässt, ist die direkte Einzelfütterung betroffener Paare ideal – ein lohnender Aufwand, der zudem Nähe zu den Tieren schafft.

Geübte wie auch anspruchsvolle Züchter verlassen sich bei der Jungenaufzucht nicht nur auf die übliche Versorgung mit reinem Körnerfutter. Für diese Klientel hält der Spezialfutterhandel ein besonderes, nämlich zur Wachstumsförderung hergestelltes Eifutter bereit. Entweder pur oder mengenmäßig mit Haferflocken gestreckt wird dieses Trockengemisch nur leicht mit Wasser angefeuchtet in den Nistzellen vorgesetzt. Das fördert ungemein das Wachstum der Jungtäubchen, insbesondere dann, wenn sie sich teilweise schon selbst versorgen. Als Zwischenmahlzeit gereicht wird es sogar noch bei eigentlicher Sättigung zusätzlich gern aufgenommen, sowohl von ihnen als auch von den davon profitierenden Elterntieren.

Absetzen der Jungtauben

Das Umquartieren der Jungtauben in das junggesellige Privatleben ist bleileibe kein schwieriges Vorhaben. Umso mehr bedarf der Eingriff in den zweiten Lebensabschnitt der Taube eine gewissenhafte Behutsamkeit und Fürsorge.

Mit dem Wechsel in den Jungtierschlag, in eine für sie noch unbekannte Umgebung, begegnen die jungen Tauben gleichaltrigen oder wenig älteren Artgenossen. Ob Männlein oder Weiblein interessiert sie augenblicklich nicht. Für sie ist es am wichtigsten, ein bequemes Plätzchen mit ihresgleichen zu finden und Futter und Trinkwasser auszumachen. Wäre ein lediges Altweibchen im Schlag, würde sich die erste im Schlag befindende Jungschar an der alten Dame und den von ihr ausgehenden Handlungen orientieren.

Sollen flugfähig gewordene Jungtiere am vorzeitigen Verlassen ihrer Herberge gehindert werden, hilft das Zusammenbinden der äußeren Schwungfedern eines Flügels.

Den Futtertrog und die höher stehende Tränke müssen die Schlagneulinge ausfindig machen und erkennen und sich schließlich einprägen, wo ihre Nahrungsquelle zu finden ist. Oft wird das Trinken zum Problem. Am einfachsten ist es, Futternäpfe von gleicher Größe, Form und Farbe zu verwenden. Damit kann schon bei der Zellenfütterung begonnen werden. Werden sie nachher bei den Absetzern in Sichtweite auf dem Boden verteilt, fällt es ihnen leichter, sie zu orten, und sie finden bald heraus, wo sie satt werden und ihren Durst stillen können. Wenn sie beim Vorbeigehen an beiden Trogenden einen Wasserbecher sehen und den gleichen neben der hochgestelzten Tränke erkennen, lernen sie schnell, wo sie trinken können.

Durstigen Täubchen ist anzusehen, wie sie unter Wasserentzug leiden. Sie sitzen mit eingezogenem Kopf am Boden, ihr Gefieder ist aufgeplustert, sie wirken abgeschlagen und blinzeln mit den Augen. Mit dem Schnabel in das Wasser getaucht, saugen sie sich gierig voll und werden schnell wieder munter.

Den Jungtauben liebster Tummelplatz auf ebener Fläche sei ihnen gegönnt. Noch sind sie im Wachstum begriffen. Würden sie schon jetzt auf schmalen Kanten sitzen, könnte es zu deformiertem Brustbein führen, die später – weil als grober Fehler geahndet – zu einer Disqualifikation führen. Zur Vermeidung dieser Fehlentwicklung ist bereits während ihres Aufenthaltes in der Brutstätte darauf zu achten.

Mit dem Erwachsenwerden beginnt Im Alter von sechs oder sieben Wochen die Jugendmauser, ein bis zu sieben Monate anhaltender Vorgang. Die Entwicklung der beiden Geschlechter verläuft anfangs parallel. Mit acht Wochen äußern mutige, noch im Stimmbruch befindliche Jungtäuber ihr Stärkerwerden durch Gurren. Imponieren und Prahlen gegenüber allen Schlaggenossen zeigen die Männchen, kokettierend und mit Selbstvertrauen bedacht lassen die Weibchen erkennen, wie reif sie bis dato schon geworden sind. Nun ist der Zeitpunkt gekommen, sie voneinander zu trennen.

Weil es – abgesehen von Pflichtimpfungen vor Ausstellungen – auf freiwilliger Vorsorgebasis geschieht, bleibt es den Haltern und Züchtern überlassen, bei Jungtieren prophylaktisches Impfen vorzunehmen. Befürworter und eher zurückhaltende Taubenwirte halten sich jeweils mit ihren Pro- und Kontra-Argumenten in ihrem Meinungslager wohl die Waage.

Handaufzucht

Nicht bei allen Taubenrassen ist es üblich, dass am Schlagboden noch unbeholfene, bettelnde Jungtauben von Alttauben gefüttert werden. Auch nimmt nicht jedes Zuchtpaar Fremdlinge in ihrer Nistzelle auf, auch wenn sie gleichalt wie die ihren sind – und schon gar nicht, wenn sie ein anders gefärbtes Federkleid tragen. Da ist es gelegentlich schwierig, Ersatzeltern zu finden, aus welchem Grund auch immer sie benötigt werden.

Dass hin und wieder das eine oder andere Taubenjunge künstlich versorgt werden muss, also per Hand zu füttern ist, kann verschiedene Gründe haben. Hier in diesem Kapitel ist nicht die künstliche Aufzucht per „Spritze“ während der ersten Tage nach dem Schlupf gemeint, sondern die Handfütterung mit festen Körnern. Aufgrund der Handhabung eignen sich dafür vorzugsweise Erbsen, denn es ist eine mühevolle Aufgabe, noch feingliedrige Täubchen mit Gersten- und noch kleineren Körnern satt zu machen. Wer seine Tauben regelmäßig mit Keimfutter versorgt, kommt nicht in die Verlegenheit, in kürzester Zeit vorbereitete Körner zur Hand haben zu müssen. Falls doch, werden grüne oder gelbe Erbsen, am besten solche aus dem Supermarkt, in lauwarmem Wasser eingeweicht. Gegenüber Futtererbsen keimen sie überraschend schnell, nämlich schon nach wenigen Stunden.

Je nach Alter wird das Jungtier nach mildem Druck an den Schnabel die Erbse oder – bei jüngeren Tieren – das Gerstenkorn bereitwillig schlucken. Doch Vorsicht: Gefüttert wird nur in kleinen Mengen. Es versteht sich von selbst, dass mittels einer Spritze oder Pipette eingeflößtes Wasser zum Fütterungsverlauf gehört. Dass Erbsen durch Weiterquellen das Kropfvolumen fühlbar strapazieren, dürfte wohl jedermann bekannt sein. Aus diesem Grund wird eben häufiger in kleinen Mengen als nur wenige Male das Jungtier gestopft, zwischendurch auch mit einer in Lebertran getunkten Erbse oder einem Gerstenkorn.

Das Herstellen eines bekömmlichen und nahrhaften Futterbreies ist nicht aufwendig.

Damit die Fütterung, einem Geduldsspiel ähnlich, nicht einseitig ausfällt, werden keimende Kleinkörner auch verwendet. Ein gutes Beifutter – aber nur zeitweise verabreicht – ist ein in Wasser angesetzter, im Zoofachgeschäft erhältlicher Kanarienbrei. Ist er nicht fein genug, kann er in einem Haushaltsmixer zerkleinert werden. Mit der richtigen Konsistenz wird er mittels einer Futterspritze in den Schnabel der Jungtauben eingeflößt. Für eine gute Verdaulichkeit sollte dies vorzugsweise frühmorgens erfolgen.

Sind die Tauben bis auf die Flügelunterseiten befiedert, werden sie aus Neugier bald selbst die Nahrung aufnehmen wollen, und zwar umso früher, je länger sich der Pfleger mit ihnen beschäftigt. Mit wachen Augen suchen sie die Futterquelle und stochern mit dem Schnabel unentwegt zwischen den Fingern der hilfreichen Hand des Pflegers. Dabei piepen sie, recken den Hals und schlagen mit den Flügeln. Jetzt wird mit einer Pinzette ein Futterkorn vor den Schnabel gehalten. Die hungrigen Jungtiere werden bald begreifen, wo für sie das Futter zu holen ist. In gleicher Weise lernen sie mit dem Trinkwasser umzugehen, wenn wiederholt ihr Schnabel eingetaucht wird.

Steht die Handaufzucht von nur wenigen Tagen alten Täubchen doch einmal an, ist auf einen sehr hohen Trinkwasseranteil bei der Nahrung zu achten. In den ersten vier Tagen benötigen sie etwa 86%, danach 80%, später noch bis zum Absetzen 75%. Diese Menge ist erforderlich, damit sie mit übervollem Kropf nicht verhungern.

Blickkontakt am Futtertisch

Es ist psychologisch von Vorteil, den Tauben das Futter mit der Hand ausgestreut anzubieten. Bei Freiflughaltung ist das eine schöne und für unsereins zudem sehr entspannende Tätigkeit. Die Liebe geht bekanntlich durch den Magen. Und dieser Spruch trifft im übertragenen Sinne beim Umgang mit Tauben wohl genauso zu.

Das Füttern der Tauben aus der Hand in kleinen Mengen, bis sie satt sind, schafft Vertrauen zwischen Mensch und Tier und lässt sie zusehends zahm werden. So überwinden sie viel früher die Scheu vor dem Pfleger. Eine solche tagein,

In kleinen Tierbeständen ist der Futtertisch ein beliebter Treffpunkt, an dem sich Züchter und Tauben sehr nahe kommen können – hier Stefan Huljic bei der Fütterung seiner Broder Purzler.

tagaus geübte Zeremonie verschafft Nähe. Das ist unser Ziel, nämlich mit den Tieren eine Partnerschaft aufzubauen, vermeintliche Bedrohung abzubauen und die Fluchtdistanz zu verringern. Holen die Tauben das Futter aus der Hand, fliegen sie später auch auf die Schulter des Taubenwirtes und auf die Futterschüssel.

Natürlich sind Tauben sehr unterschiedlich veranlagt, demonstriert Futterzahmheit doch eine symbiotische Beziehung. Sowohl Brieftaubenzüchter als auch Pfleger von Hochflugtypen und flugakrobatisch veranlagten Rassen sehen in derartigen Vertrauensbeweisen die echten Erfolgsaussichten begünstigend.

Die Vorteile des Futtertischs

Eine Alternative, die Freifläche zum Futterausstreuen im Miniformat zu ersetzen, ist der Futtertisch. Hierzu wird einfach eine hölzerne Plattform in der passenden Höhe angebracht und in der Größe so bemessen, dass auch ein Badewasserbehälter platziert werden kann. Solch ein Futtertisch vergrößert in Volieren zum einen die Bewegungsfläche und regt zum anderen die Flugaktivitäten der Insassen an. An dieser Stelle zeitaufwendig manuell zu füttern, muss nicht zur Alltagsgewohnheit werden. Selbst wenn es nur von Zeit zu Zeit geschieht, erzielt es seine Wirkung. Dort – selbstverständlich regenschützt – den Futtertrog aufzustellen, lockt die Tauben sogar zum Verweilen an, wenn der Tisch von der Sonne beschienen wird.

Schnabelpflege gehört bei Tauben zu den natürlichen Verhaltensweisen.

Wenn Tauben das Futter aus der Hand aufnehmen, sind sie nicht nur hungrig, sondern haben auch das Misstrauen gegenüber Menschen überwunden.

Wer den Tauben die Schnabelpflege selbst überlassen möchte – so wie es frei fliegende Tiere an verputzen Hauswänden oder an über Dach gezogenen Schornsteinen beim Anpicken tun –, wird sie gewissermaßen unter Aufsicht von Zeit zu Zeit dazu anregen wollen. Die Möglichkeit, dieses Verhalten aus nächster Nähe zu beobachten, ist am Futtertisch gegeben. Ein mit grobem Schleifpapier bedeckter Futtertrog-Boden erfüllt hierbei denselben Zweck. Streut man den Tauben darin Leckerbissen wie Leinsaat, Mohn, Hirse und andere Kleinsämereien immer mal wieder in kleinen Mengen ein, werden sie sich diese Minikörnchen gierig einverleiben. So flott wie das Rattern der Nähmaschinen picken sie danach, wobei der Überwuchs des Schnabelhorns abgenutzt wird.

Eine Alternative hierfür wäre ein für Tauben im Ton-Napf fixierter, in seiner Qualität außerordentlich harter Pickstein. Neben geringen Mengen Phosphor und Natrium enthält er fast ein Drittel Kalzium. Weil sie zerbröckelt gereicht werden sollen und ohnehin nicht sonderlich fest sind, wirken Taubenkuchen sowie Taubenstein für die Schnabelhornbearbeitung weniger effektiv

Unseren Tauben durch Vertrautheit näher zu kommen, verschafft weitere Vorteile: Die Vorbereitung der Jungen für die Ausstellungen beginnt zwar schon mit dem Umgang ihrer Eltern, deren Zahmheit an sie weitergegeben wird. Aber wann und wo können mit dem Flüggewerden das Taxieren und der Argwohnabbau am ehesten erfolgen? Beim Füttern. Die Tauben gewöhnen sich sehr schnell an den Futtertisch. Nach einigen Tagen gesunder Skepsis überwinden sie sehr schnell die Abneigung davor. Ausgestreute oder an dieser Stelle auch in einem Futtertrog angebotene Leckerbissen wie gesalzene Erdnussstücke, Sämereien, Sonnenblumenkerne, Hanfkörner und vieles mehr helfen, bei Tauben rituale Erwartungen auszulösen. Mit vertrautem Zureden trauen sie sich

Vertraute Basis für den gemeinsamen Erfolg – demonstrierter Züchterstolz von Fritz Kalverkamp.

bald, mit uns Augenkontakt aufzunehmen. Sie zögern auch nicht, in der Nähe ihrem Liebesleben nachzugehen.

Wer über wenig Platz verfügt, könnte in halber Höhe unter der Futtertischoberfläche eine weitere Stellfläche schaffen und in deren Schatten die Tränke oder einen Mineralbehälter aufstellen. Beides wäre vor Verschmutzungen sicher. Außerdem führt das Aufsuchen zur Beschäftigung der Tauben und hält sie den ganzen Tag in Bewegung. Auch das sollte Ziel der Züchter sein: den Lebensraum der Volierentauben mit einem der natürlichen Umwelt angeglichenen rassegerechten Vielseitigkeitsangebot auszustatten.

Trennen der Zuchtpaare

Oft stellt sich die Frage, ob das Trennen der Zuchtpaare sinnvoll ist. Die Befürworter haben gesicherte Argumente parat, diesen Eingriff in die Natur der Haustiere zu rechtfertigen. Wann die Züchter dazu übergegangen sind, ihre Zuchtarbeit zeitlich begrenzt zu betreiben, lässt sich nicht genau feststellen. In antiquarischen Büchern finden wir zum Thema Trennen passende Fotos mit jeweils mehreren Taubenschlägen, welche die separate Haltung von Jungtieren während der Brutzeit vermuten lassen, ebenso wie Hinweise auf Abteile, in denen außerhalb dieser Hochzeit die Täubinnen und Täuber voneinander getrennt untergebracht sind. Wahrscheinlich kam es dazu, als sie auf den Überschuss an Jungtieren verzichten konnten, das Qualitätskontingent für die Ausstellungen nach wenigen Bruten ausreichte und zur weiteren Reproduktion für die Küche kein Bedarf vorlag.

Kein Zweifel, das Trennen ist sinnvoll. Den von der Natur vorgesehenen Fortpflanzungsstrategien kommt es sehr entgegen. Es schützt die Individuen vor einer strapazierenden Ausbeutung. Wann das Scheiden der Taubenehen geschieht, ist Ermessenssache. Maßgeblich beurteilen die Züchter das nach den Zuchtergebnissen der drei, vier und mehr vorangegangenen Bruten. Anfang Juli sollten die letzten Nachkommen das Nest verlassen haben. Es ist fraglich, ob Junge, die danach auf die Welt kommen, noch während der laufenden Schausaison ihre Hochblüte erreichen.

Es wird sich bei den Haustaubenpaaren nicht vermeiden lassen, dass sie nach der Mauser trotz eingeschränkter Fütterung und bei zunehmenden Kälteeinflüssen das Brutgeschäft wieder aufnehmen. Täubinnen, die zusammengebracht werden, beweisen das immer wieder. Der die Organismen berauschende Sonnenschein animiert auch im Winter nicht nur die Täuber zum „Treiben", die Täubinnen zeigen sich ebenso paarig. Sobald sich ein vorzeitiges, vorübergehendes Frühlingserwachen ankündigt, erweisen sie sich zugänglich.

Alternativ gehen sie stattdessen eine gleichgeschlechtliche Scheinehe ein: Beide Partnerinnen legen und brüten. Wenn es junge Täubinnen sind, die zum ersten Mal legen, ist das nicht schädlich. Im Gegenteil, somit verläuft die spätere Eiablage nach ihrer ersten Begattung durch den organisch darauf vorbereiteten Eileiter komplikationsloser.

Kropftauben wie diese Starwitzer Flügelsteller zeigen im Freiflug ihr fliegerisches Können.

Von Natur aus unterliegen die Taubenorganismen aber den sich alljährlich wiederholenden Zyklen mit Ruhephase und Aktivzeit. Wetterbedingte Abhängigkeit führt zwangsläufig zu Verschiebungen. Und weil sie dem Kalender nach zwar berechenbar, nicht aber zuverlässig zu kalkulieren sind, werden die Fortpflanzung steuernden Eingriffe durch den Züchter in das Zuchtgeschehen durchaus notwendig – noch dazu, wenn seine Tiere zu denen gehören, die sich in der Jungenaufzucht nicht gerade als fürsorglich erweisen.

Das Ende der Geschlechtertrennung wird nach den festliegenden Schauterminen ausgerichtet und soll das spontane An- bzw. Wiederverpaaren erleichtern. Die Entwicklungsdauer der Jungen ist hierbei zu berücksichtigen. Nicht jede Rasse gleicht der anderen. Manche benötigen zur völligen Ausreifung wesentlich länger. Und dann fallen erfahrungsgemäß erst in der zweiten, dritten oder gar vierten Brut weniger überzeichnete und qualitativ besser gezeichnete Ausstellungstiere. Viel Spielraum zum eventuellen Umpaaren noch nach anfänglichen Misserfolgen bleibt da ohnehin nicht übrig.

Berücksichtigt man diese Dinge, ist das Trennen der Paare natürlich zu befürworten. Zwangsläufig kommen die strapazierten Alttiere zum Ausruhen und, was dem größtem Vorteil für die gesamte Zucht gereicht, ist eben der zeitlich gemeinsame Beginn der Verpaarung der fortpflanzungsbereiten Tiere. Nur so ist eine gewisse Zeitordnung gewährleistet. Immerhin erleichtern wir uns somit die Zuchtarbeit. Und das ist einer der Hauptgründe für das Unterbrechen der Rassetaubenehen – eine traditionelle, sich selbst bestätigende Maßnahme in der Rassetaubenzucht.

Nach sechs bis acht Tagen – manchmal auch später – liegt nach der Begattung das erste Ei im Nest. Davon kann man bei sämtlichen Zuchtpaaren ausgehen. Das ist der Regelfall, wenn beide Geschlechter gesund sind. Am übernächsten Tag wird das Gelege mit einem zweiten Ei komplettiert.

Ein gemeinsamer Start bringt demnach die angestrebten Vorteile mit sich. Würden einige Paare allerdings erst zögerlich in die Gänge kommen, verschieben sich die Schlupfzeiten. Dadurch vermindert sich die Zahl der belebten Nester, in denen womöglich unterschiedlich entwickelte Küken, nach Größe sortiert, im Tausch verlegt werden könnten. Aber auch noch nicht festbrütende Täuber könnten im Zuchtschlag als Störenfriede für Unruhe sorgen.

Hinzu kommt die kaum zu verhindernde Gefahr der Fremdbefruchtungen, besonders in solchen Beständen, wo es bei uneinheitlichem Brutstand in begrenzten Haltungen (Volieren) sozusagen drunter und drüber hergeht. Bei im Freiflug gehaltenen Tauben sind Seitensprünge eher seltener; die schier grenzenlose Freiheit behält sich bei noch so großer Besatzdichte ihre eigenen Spielräume vor.

Apropos Freiflug: Während der Trennungsphase müssen die in den vorübergehenden Zeitrahmen versetzten Tauben auf Rundflüge im Freien nicht verzichten. Es wird ihnen eben wechselweise ein Ausflug in den Äther erlaubt. Das ermuntert sie und hält sie frisch. Auch die Regelzuwendungen wie das Wasserbaden in der Wanne werden beibehalten.

Unterkühlung

Wer während der Nestlingszeit feststellt, dass die Taubenküken unterkühlt sind, war wohl irgendwie nachlässig beim Vorbereiten des Taubennestes. Oder er hat Zuchttiere ausgewählt, denen entgegen ihres Naturells nicht mehr daran gelegen ist, dem Nachwuchs die notwendige Fürsorge angedeihen zu lassen.

Das ist in der kalten Jahreszeit eine nicht selten zu beklagende Alltagssituation, vor allem, wenn im Winter mit der Zucht viel zu früh begonnen worden ist. Derart unliebsame Vorkommnisse sind dann nicht auszuschließen.

Die Körpertemperatur bei Vögeln liegt um 3,5 °C höher als beim Menschen, also bei etwa 41 °C – ein Hinweis dafür, dass sie strenge Minusgrade gut überstehen. Wenn unsere Tauben mit dieser Körperwärme bei im Schlag herrschenden Raumtemperaturen von etwa 0 bis 10 °C nun ein Gelege bebrüten, ergeben sich

An der Flanke des unbedeckten Täubchens gemessen beträgt die Strahlwärme an dieser Stelle 23,5 °C, …

rein rechnerisch sowohl respektable als auch gewaltige Temperaturunterschiede. Diese Unterschiede müssen erst einmal von einem Brutvogelkörper kompensiert werden! Wenn den geschlüpften Täubchen von oben anhaltende Körperwärme gespendet wird, aber von unten nur ein mäßig rückstrahlender Boden bedingt Schutz bietet, kann es beim Ausbleiben der körperlichen Bedeckung doch zu defizitären Erscheinungen kommen, falls beispielsweise das hudernde Elterntier länger zur Nahrungsaufnahme wegbleibt.

… wogegen das Thermometer bei konstanter Körpertemperatur der Tauben zwischen Alt- und Jungtier gemessen 40,3 °C anzeigt.

Züchter, die ihre Tiere kennen, wissen mit solchen Unsicherheiten umzugehen. Als Schutz staffieren sie isolierend gegen einwirkende Kälte, aber auch abfließende Wärme am besten kistenförmige Nester mit einer warmhaltenden Polsterung aus. Von großem Vorteil sind nicht absorbierende Materialien wie Styropor am Boden und an den Seitenwänden, aber auch Schaumstoff, der obendrein das Zerdrücken von Gelegen verhindert. Zum üppigen Ausmulden ist Stroh ein optimales Füllmaterial.

Werden die heranwachsenden, noch unvollständig befiederten Jungtauben mit zeitweisen Unterbrechungen zurückgelassen, weil sich die Alten mittlerweile einem neuen Liebesspiel hingeben, bleiben die betroffenen Nachkommen unter Umständen unterversorgt. Der Stoffwechsel gerät ins Stocken, der Kreislauf bricht zusammen und der Wärmeentzug führt zum Erstarren und das folgende Erfrieren unweigerlich zum Tod. Die Kleinen selbst wehren sich anfangs mit wärmeerzeugendem Körperzittern so lange dagegen, bis ihre Energiereserven aufgebraucht sind und die Kräfte und Eigenwärme sie endgültig verlassen.

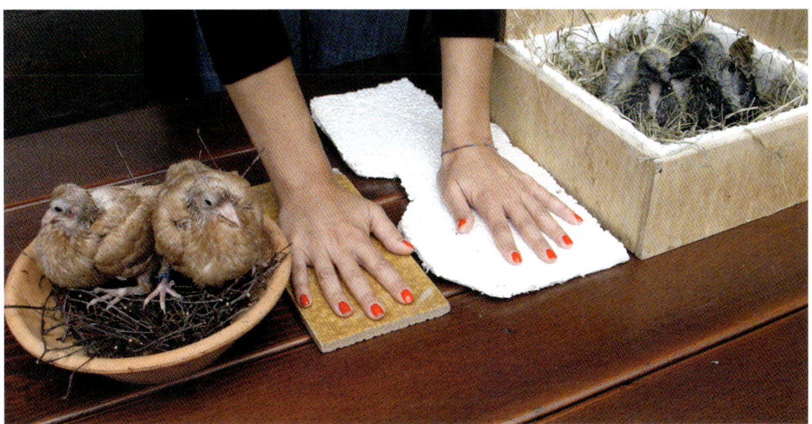

Fühlbarer Wärmestau: Bei frühen Bruten bieten wärmetechnisch ausgestattete Nester einen sicheren Schutz vor Kälteeinflüssen. Gegenseitiges Wärmen der beiden Jungen mit seitlicher Abschirmung ist bei niedrigen Temperaturen unerlässlich.

Bis es so weit kommt, animieren Alttiere apathische Küken mit leichten Schnabelhieben auf den Rücken, um sie zur Futterübergabe/-aufnahme anzuregen. Es ist nicht selten, dass sie nach Wiederbeginn des Huderns sogar wieder Leben unter sich spüren und das Jungtier es schafft, Nahrung aufzunehmen. Das aber sind Ausnahmefälle.

Die noch spärliche Befiederung reicht nicht aus, den eigenen Wärmehaushalt mit der Raumtemperatur zu kompensieren. Wenn die Taubenküken auf die direkte Wärmeübertragung der Eltern häufig verzichten müssen, wird ihre Entwicklung nur zögerlich vorankommen.

In diesem Entwicklungsstadium und mit vollem Kropf ist es für gesunde Nachkommen kein Problem, mit einer Temperatur von 10 °C zurechtzukommen.

Bis zur Vollbefiederung unterliegen Jungtauben bei Ausbleiben von Wärmespendern der ständigen Gefahr auszukühlen, noch dazu, wenn die Nahrung nur sporadisch verabreicht wird. Dann ist Wachstumsstillstand eine sichtbare Folge, die Mobilität ist eingeschränkt und die Kälte zehrt an der Substanz. Konditionelle Einbußen lassen sich nicht wieder aufholen. Die Nachzucht verkümmert.

Um solche Einbrüche zu vermeiden, setzen umsichtige Züchter vorübergehend heizbare Nistschalen oder auch thermostatisch regelbare Heizplatten ein. Mit diesem zeitweiligen Hilfsmitteleinsatz gelingt es, Jungtiere über den Berg zu bringen. Man kann auch die Jungtiere über Nacht ins Haus holen – vorausgesetzt, die Elterntiere verweigern dann nicht, die Jungen am nächsten Tag wieder anzunehmen.

Wiederbelebung des Taubenkükens

Nicht jedes Taubenküken ist rettungslos verloren, wenn es nach einer kalten Nacht im oder neben dem Nest mit ausgestreckten Extremitäten liegend den Anschein erweckt, das Zeitliche gesegnet zu haben.

Dieses Jungtäubchen war stark unterkühlt und wurde wieder zu neuem Leben erweckt, indem es zwischen mit warmem Wasser gefüllte Plastikbeutel gelegt wurde.

So etwas kann passieren, solange es frostige Nächte gibt. Das ist bei Taubeneltern, die im Übereifer ihres Fortpflanzungsverlangens bereits das nächste Gelege besetzt haben, keine Seltenheit. Der im Nest verwahrten, noch nicht ausgereiften Brut versagen sie – vom Trieb zur nächsten Fortpflanzung abgelenkt – sozusagen ihre elterliche Fürsorge. Dies ist eine Eigenschaft, die im Vermehrungsrepertoire ihrer Ahnen, den Felsentauben, so nicht verankert ist. Im wirtschaftlichen Sinne vor Hunderten von Jahren auf leistungsbezogene Reproduktion selektiert, streben Haustauben zu Vielbruten, so wie es die Altvorderen von damals angestrebt haben.

Schnellste Hilfe ist angesagt, wenn wiederbelebende Erwärmung noch hilfreich wirken könnte. In die Hand genommen, fühlt sich der scheinbar leblose Kükenkörper eisig kalt, starr und steif an. Sofern das Tier noch nicht verendet ist, kann man versuchen, es wie im Folgenden beschrieben wiederzubeleben:

Von der Handmulde so weit wie möglich umschlossen werden Brust und Bauch wiederholend mit Atemluft angehauchte Wärme zugeführt. Durch die Erwärmung wird der Organismus dann langsam wieder rege. In immer kürzer werdenden Intervallen, als würde das Täubchen mit geöffnetem Schnabel nach Luft ringen, kommt es zunehmend in Bewegung. Währenddessen sollte eine heizbare Nistschale vorbereitet oder ersatzweise eine andere Wärmequelle gefunden sein. Das Täubchen wird in ein vorgewärmtes Wolltuch gewickelt und dort verstaut. Wem keine Heiznistschale zur Verfügung steht, wird mit einer Wärme spendenden Schreib- oder Nachttischlampe dieselbe Wirkung erzielen.

Alternativ kann man das Küken auch in eine Schachtel legen, die man auf den Heizkörper stellt.

Ein ebenso hilfreicher wie wirksamer Aufwärmversuch ist das Befüllen einer oder besser noch zwei größerer Kunststoffhüllen mit etwa 50 °C warmem Wasser, zwischen die das scheinbar leblose Taubenküken eingebettet wird. Hierbei ist jeder Aufwand, ein Täubchen wieder in das Leben zurückzuholen, lohnend. Abgesehen vom späteren Wert dieses Tierchens ist das Gelingen einer Wiederbelebung für den Retter mehr als ein schöner Erfolg.

Ist das Tier nach einer solchen Wiederbelebung einigermaßen erholt, hat es vermutlich noch einen prall gefüllten Kropf. Die Vorverdauung wird anfänglich nur sehr schleppend beginnen, deshalb wird man mithilfe einer Pipette oder Gummispritze etwas warme Flüssigkeit einflößen. Dann wird es zu den Eltern zurück in die Nistschale gesetzt und sich bald wieder wohlfühlen und gedeihen, wobei es unter weiser Voraussicht überwacht werden sollte.

Schwingen- und Schwanzfederzahl

Dieses Thema war in der Hochrassezucht einmal ein heiß diskutiertes Problem, hat sich aber in letzter Zeit wieder etwas beruhigt. Zumindest schlägt es in der Öffentlichkeit nicht mehr so viele Wellen, wird aber noch sehr ernst genommen.

Es wird nach wie vor darauf geachtet, dass bei den Rassetauben der Flügel konstante zehn Handschwingen aufzuweisen hat – nicht mehr und nicht weniger. Und bei den Rassen, bei denen die Steuer- bzw. Schwanzfederzahl mit zwölf festgeschrieben ist, darf davon nicht abgewichen werden.

Nachdem bei den Ausstellungen die Handbewertung durch die Preisrichter zur Regel geworden war, fielen den Herren im weißen Kittel mit zunehmender Tendenz bei einigen Rassenkollektionen die unterschiedliche Anzahl von Handschwingen auf und ebenso gab es Tiere mit mehr oder weniger als zwölf Steuerfedern.

Mit zehn Handschwingen demonstriert diese Taube die Korrektheit der züchterischen Bestrebungen.

Mit wenigen Ausnahmen gelten in der reglementierten Rassetaubenzucht zwölf Schwanzfedern als Norm. Unterzählig vorhanden beeinträchtigen sie die Flugfähigkeit aber in keiner Weise.

Bei kleinen Rassen waren es neun und bei großen elf, teilweise sogar zwölf Handschwingen, die sie in Ausübung ihres Auftrages im Sinne der gerechten Behandlung in erhebliche Ratlosigkeit versetzte. In Fachblattveröffentlichungen wurde darüber spekuliert und diskutiert, geäußerte Mutmaßungen mit Aufzeichnungen nach generationslangen Beobachtungen verglichen. Zu einer Übereinstimmung war es aber nicht gekommen.

Eine plausible Erklärung für das Entstehen dieses Phänomens könnte die Feststellung von K. Herzog sein: *„Jeder Vogel muss entsprechend seinem Körpergewicht eine der Flächenbelastung angemessene Fluggeschwindigkeit entwickeln; eine hohe Flächenbelastung fordert eine größere, eine geringere Flächenbelastung gestattet eine verminderte Horizontalbeschleunigung.“*

Dies ist eine Entwicklung, die den Züchtern vor 200 Jahren schon Anlass zu Spekulationen gab und mit der sich Mitte des 19. Jahrhunderts bereits Darwin auseinandersetzte. 1996 war es zur klärenden Aufgabe der Sparte Tauben des Europaverbandes geworden. Schließlich informierte der Verband Deutscher Rassetaubenzüchter (VDT) in Abstimmung mit dem Bundeszuchtausschuss (BZA) seine Mitglieder, bei der Verpaarung generell um die anatomische Normalität bemüht zu sein. Zielsetzung ist es, ihr nach wie vor mit aller Ernsthaftigkeit nachzukommen.

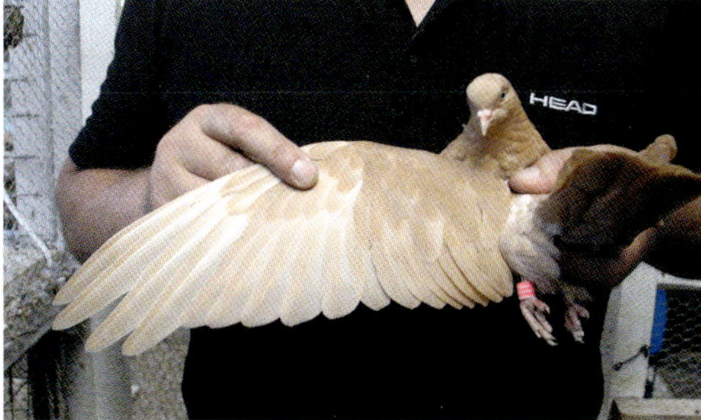

Das Auftreten von neun Handschwingen bei kleinen Taubenrassen ...

... und elf Handschwingen bei schweren Taubenrassen war bereits vor 200 Jahren bei Charles Darwin Bestandteil seiner Untersuchungen.

In den damit konfrontierten Sondervereinen wird streng auf das Befolgen dieser Forderung geachtet, das heißt, nach der einhelligen Devise verfahrend nur korrekt veranlagte Tiere zu verpaaren und mit konsequentem Ausmerzen von unter- bzw. überschwingten Nachzuchttieren dieser Entwicklung zu entgegnen.

Tiere, die also mehr oder weniger Handschwingen aufweisen, und solche, deren Steuerfederzahl nicht der Musterbeschreibung entspricht, gehören weder in die Zucht noch im Ausstellungswesen vorgestellt.

Belgische Brieftaubenzüchter zeigten sich vor vielen Jahren über Tauben mit mehr als zehn Handschwingen mehr als beglückt. Mittlerweile haben auch sie die Hoffnung aufgegeben, damit schnellere und ausdauerndere Tauben im Stall zu haben. Diese Prognose hat sich als Irrtum erwiesen.

Übrigens: Zur Vorbereitung von Ausstellungstauben beim Feststellen von Unregelmäßigkeiten dürfen überzählige Handschwingen und Schwanzfedern nicht gezogen werden. Das Ziehen kommt einem Vergehen gleich und wird mit dem Ausschluss geahndet.

FORDERUNG DER SATZUNG

Im Satzungsordner des BDRG sind im Register 9 die Beschlüsse und Richtlinien zur Bewertung unter „Schwingen bei Tauben" enthalten. Aus gegebenem Anlass, wie im Text bemerkt ist, wird unter Handschwingen vermerkt, dass bei allen Rassen auf beiden Seiten grundsätzlich zehn Handschwingen gefordert werden. Bei Rassen, die zurzeit mit dieser Forderung Schwierigkeiten haben, sollte dies angestrebt werden.

Jedoch auf den Zuchtstand bezogen werden:

a) bei großen Rassen (zum Beispiel große Formentauben und Großkröpfer) elf Handschwingen

b) bei sehr kleinen Rassen (zum Beispiel Kurze Tümmler) neun Handschwingen auf einer oder beiden Seiten toleriert.

Rassen mit „normaler Größe" (Körper) müssen 10/10 geschwingt sein. Im weiteren Textverlauf wird den Sondervereinen, die für die von ihnen betreuten Rassen schon immer 10/10 forderten, empfohlen, diese Verfahrensweise beizubehalten. Abschließend heißt es: Weniger als neun und mehr als elf Handschwingen auf einer oder beiden Seiten sind – mit Ausnahme Pfautauben – Ausschlussfehler.

Was die Schwanzfedern betrifft, wird darauf verwiesen, dass Tauben zwölf Schwanzfedern haben müssen; nicht mehr (Ausnahme vgl. Standard), aber auch nicht weniger. Tiere, die in diesem Punkt abweichen, dürfen – bei allen sonstigen Vorzügen – höchstens die Note „gut" erhalten Nach einer Übergangszeit werden diese Fehler zu groben bzw. Ausschlussfehlern erklärt.

Passende Verpaarungen

Rein züchterisch gesehen ist das Beibehalten der Verpaarung von Tieren mit einer 10/10 Beschwingung die beste Auslesemethode, um dieses Problem in den Griff zu bekommen. Mitunter fallen in Zuchten von der Norm abweichende Nachkommen mit nur zehn Schwanzfedern. Wer sich das Bild auf Seite 128 anschaut wird feststellen, mit welch einer den Schwanz ausfüllenden Breite die einzelnen Steuerfedern überzeugen. Hierbei handelt es sich um einen Täuber, der dennoch an seinen Nachwuchs zwölf Schwanzfedern vererbt. Dass in der Weiterzucht bei der Nachfolgegeneration auf Vollzähligkeit streng zu achten ist, sollte für den Züchter klar sein. Ein Eintrag im Zuchtbuch über diesen Vorfall ist unerlässlich.

Bei **schildigen Taubenrassen** mit einem weißen oder einem farbigen Flügelschild ist ein Teil der Handschwingen zum eigentlichen Schildgefieder davon abweichend konträr gefärbt. So bilden bei manchen Rassen mitunter sieben bis zwölf weiße Handschwungfedern eine prägnante Schildrundung. Bei anderen – in der jeweiligen Musterbeschreibung enthalten – sind es sieben bis zehn, sieben bis elf, sieben bis zwölf oder acht bis zehn.

Festgeschrieben ist auch, dass sie jedoch nur um zwei differieren dürfen, also 7:9, 8:10, 9:11 und 10:12 – ein Kriterium, das den Züchter beim Nachzählen zuweilen darüber nachdenken lässt, wie man dieses Problem in den Griff bekommt. Und weil er eine solche Konstellation nicht dem Zufall überlassen will und züchterisch beiderseitige Gleichheit anstrebt, wird er um eine Ausgleichspaarung bemüht sein. Besitzt beispielsweise ein Täuber links acht und rechts zehn weiße Schwingen, wird er an eine Täubin mit links zehn und rechts acht weißen Handschwingen gestellt. Somit ist ein Ausgleich von 18:18 Weißschwingen hergestellt. Ob diese Empfehlung zu einem sicheren Ergebnis führt, bleibt freilich abzuwarten; eine hundertprozentige Verpaarungsmethode ist bislang nicht bekannt.

Große Vorsicht ist geboten, Tiere trotz aller Vorzüge miteinander zu verpaaren, wenn die weißen Handschwingen zahlenmäßig gravierend große Unterschiede aufweisen wie 4 oder 5:11 bzw. extrem minimal 3 oder 4 vorhanden sind. Im Endeffekt treten bei der Nachzucht dann nicht selten die ebenso hässlichen Wechselschwingen in Erscheinung.

Wechselschwingen – farbige zwischen weißen oder weiße zwischen farbigen Schwingen – betreffen sowohl die Hand- als auch die Armschwingen. Außer bei gescheckten Rassen bzw. Farbenschlägen und anderen Ausnahmen, bei denen es die jeweilige Musterbeschreibung festlegt, sind es grobe Fehler. Der Ratschlag,

Wechselschwingen stören jedes Flügelschild; in den Allgemeinen Ausstellungsbedingungen des BDRG steht geschrieben, wie sie bei Ausstellungskandidaten zu behandeln sind.

eine Gleichfärbung zu erreichen, wenn man sie öfter zieht, ist nicht Erfolg versprechend. Je häufiger eine fehlfarbige Feder gezogen wird, umso deformierter wird sie auch nicht in gewünschter Farbe nachwachsen.

Daumen- oder Fingerfedern, auch Klappen genannt, sind (nach dem Speichenfortsatz) die vier an der Flügelspitze, dem beweglichen Daumenglied, befindlichen, markant in Erscheinung tretenden Federn. Bei schildigen Taubenrassen stehen sie mehr oder weniger im Fokus. Werden sie farbig gefordert, ist bemerkt, wie viele von zweimal vier – also acht möglichen – zum Erreichen von Punktezahlen notwendig sind.

Finger- und Daumenfedern, auch Klappen, früher Sträußchen genannt, werden in den Musterbeschreibungen der Rassen im Einzelnen sehr unterschiedlich wahrgenommen.

Der Wortlaut in den Musterbeschreibungen ist bei manchen Rassen recht unglücklich gewählt. Bei Rassen mit einem hohen Zuchtstand sind ohne besondere Betonung auf beiden Seiten vier der übliche Standard, währenddessen bei anderen noch großzügig, zumindest in abgestufter Weise ein Kompromiss eingegangen wird. Beiderseits eine volle Zeichnung zu erreichen ist bei Rassetauben mit kurzer, gedrungener Gestalt kein leichtes Vorhaben. Auch hier wird man bei der Partnerwahl wie bei der Handschwingen-Verpaarung verfahren. Genetisch korreliert die Fingerfederzeichnung mit der Körperkürze.

Das Auge – Spiegel der Seele

Das Auge der Taube ist ausgereift, wenn sie geschlechtsreif wird, also nach beendeter Mauser. Wenn die Natur die Fortpflanzung zur Arterhaltung vorgesehen hat, verleiht sie den Lebewesen alle Vorzüge, die diesem Zweck dienlich sind. Dann glänzt und strahlt das Auge. Wenn der Organismus überbeansprucht ist oder Teile davon nicht intakt sind, sendet das kränkelnde Tier sichtbare Signale: Dann ist das Taubenauge glanzlos, stumpf und müde. Es ist ein Spiegel der Seele, aber auch ein Abbild des gesamten Körperbefindens. Erst die Mauser mit ihrer Ruhezeit ist dann der Regenerationsbrunnen in Vorbereitung auf die kommende Zuchtperiode, eine Zeit für die Erholung.

Das Auge dieser flügge werdenden Thüringer Goldkäfertaube ist noch nicht herangereift.

Nach Abschluss der Jugendmauser ist das Auge wie hier zu sehen herangereift.

Die Augen der Felsentauben sind rot und gelb pigmentiert, bei Haustauben gibt es große Unterschiede. Wir kennen das Perlauge und das als dunkel bezeichnete schwarz erscheinende Auge bei weißen Tauben. Bläuliche Irisfärbungen zeigen manche Tümmlerrassen. Bekannt sind noch braune, bronzefarbene und andersfarbige Iriden, wie das gelblich grüne Fischauge. Die Augen von jungen Tauben sind dunkel; erst mit dem Älterwerden stellt sich in Abhängigkeit vom Kopfgefieder die eigentliche Augenfarbe bestimmende Irisfärbung ein. Unter die Lupe genommen lassen Jungtaubenaugen dennoch Farbäderchen erkennen.

Fehlerhaft sind Augen mit unterschiedlich gefärbten Iriden.

Der Augenrand mehrreihig ausgeprägt wird farblich in seiner Bedeutung sehr unterschiedlich interpretiert und bei manchen Rassen als „Feuer“ bezeichnet.

Wenn beide Augen nicht gleich gefärbt sind, wie es gelegentlich bei dunklen Augen vorkommt, sind diese Tauben für die Weiterzucht nicht zu gebrauchen. Ein **„gebrochenes Auge“** – wie ein Foto zeigt zweifarbig gescheckt – gilt allgemein als Ausschlussfehler. Ein Hinweis darauf im Zuchtbuch bei den Eltern vermerkt wäre für die Ermittlung späterer Rückschlüsse sehr hilfreich.

Bei Rassetauben ist das Aussehen des Augenrandes auch zu bewerten. Seine Farbe, mehr oder weniger intensiv auch als **„Feuer“** bezeichnet, ist auf die dargereichten Futtergrundlagen zurückzuführen. Somit kann man darauf Einfluss nehmen. Ein Erfahrungsgespräch mit Experten ist hier anzuraten. In der Fachliteratur mit unterstützenden Ratschlägen sollte hier nachgelesen werden.

Wenn die Taubeneltern nicht füttern

... dann liegt es – wie zuweilen interpretiert wird – an den Jungen, weil sie die Alten nicht aufdringlich genug um Futter anbetteln. Das ist ein Trugschluss! Immerhin tippen – um sie zu ermuntern und zur Futteraufnahme anzuregen – bei nachlassender Mobilität der Jungen verlässliche Elterntiere ihre vermeintlich regungslos im Nest liegenden Küken mit dem Schnabel auf deren Rücken.

Das Betteln um Futter mit Lautäußerungen ist eine eindeutige Domestikationserscheinung, denn Felsentaubenküken tun das nicht. Das leuchtet ein, schließlich würden sie damit ihren Feinden gegenüber den Aufenthaltsort preisgeben. In der Kinderstube der Felsentaube verläuft die Brutpflege im Zuge des Gebens und Nehmens lautlos ab, weder mit heftigem Flügelschlagen und schon gar nicht mit lautem, aufdringlichem Piepen.

Die Ursache für das Unterlassen der Jungenfütterung ist schneller gefunden, als das in zahlreichen Zuchten vorherrschende Dilemma aus der Welt zu schaffen ist. Das generationenlang nachlassende Brutfürsorge- bzw. Aufzuchtverhalten führte dazu, die Jungenaufzucht in vielen Fällen von Ersatzeltern erledigen zu lassen, oder haben gar den Züchter veranlasst, die Eltern ersetzend mittels einer Spritze mit vorgefertigtem Futter die Küken selbst künstlich zu ernähren.

Weil ein standardgerechtes Preistier für Wettbewerbsteilnahmen vorgesehen im Fokus steht, wird man es kaum verdenken können, ein von Vater und Mutter vernachlässigtes und somit zurückgebliebenes Jungtier über den Berg zu bringen. Schließlich will man zunächst einmal diesen und schließlich in Wiederholungsfällen alle die anderen Hoffnungsträger nicht aufgeben. Soll die bei Ausstellungen währende Erfolgssträhne jedoch künftig nicht abreißen, werden die Wege im weiteren Favoritenstreben noch steiniger werden, denn das Aufzuchtvermögen solcher Tauben wird sich nicht von selbst regenerieren, sondern erfahrungsgemäß eher verschlechtern.

Das Nachlassen der elterlichen Jungtierversorgung geht eindeutig zulasten der Vitalitätseinschätzung, wenn man berücksichtigt, wie Vitalität sich äußert, nämlich mit dem einzigen Ziel, die Erhaltung der Art zu sichern.

Nachlässigkeiten hat die Evolution nicht vorgesehen – keine Art kann sich Fehlentwicklungen leisten. Die Folge wäre ihr unwiederbringliches Aus. Streng genommen bahnt sich bei Haustieren letztlich ein ebensolches Ende an. Falls die Züchter auf einschleichende Negativerscheinungen weder eliminierend noch ausmerzend Einfluss nehmen, werden sich regenerierende Erwartungen nicht von selbst erfüllen. In der Natur von ihr mit sogar schonungsloser Vorgehensweise geregelt, beginnt sie im Geschehen der Arterhaltung kompromisslos mit einer zukunftssichernden Auslese.

Hungrige Taubenküken vermitteln beim Betteln lauthals dem Züchter, wie sie von ihren Eltern vernachlässigt werden.

Von geringem Wachstum gezeichnet, lassen auch sie es später am Versorgungswillen bei ihren Nachkommen fehlen.

In der Zeitschrift für Tierpsychologie aus dem Jahr 1949 ist in einer Publikation von Prof. Heinroth zu lesen:

„Man kann deutlich sehen, dass das Betteln der Jungtauben, besonders wenn sie mit dem einen ihrer ausgebreiteten Flügel den Rücken des Elternflügels beklopfen, das Füttern auslöst ...“ Dies ist eine Schlussfolgerung, die sich nach unserem Wissenstand nur auf der Seite der Haustauben nachvollziehen lässt.

Das sich gegenwärtig in viele Zuchten eingeschlichene Problem des Nichtfütterns oder des zuweilen Nichtmehrfütterns der Jungtiere ist nicht von heute auf morgen entstanden, gab es doch frühe Anzeichen und prognostizierten Anlass, aus gutem Grund die Leistung neben dem Schönheitsideal im Wettbewerb gleichermaßen zu verankern.

Die Lebensweise der Felsentauben in ihren vielfältig strukturierten Biotopen unterscheidet sich zu denen ihrer in menschlicher Obhut befindlichen Nachfahren freilich in einem Maße, wie es gegensätzlicher nicht sein kann. Zeitweilige Nahrungsdefizite und Witterungsunbilden bedrohen das Leben der Wildlinge ungemein, währenddessen ihre domestizierten Artgenossen in absoluter Sicherheit und dem beinahe gut gemeinten Überfluss geradezu ein mehr als bekömmliches Luxusdasein genießen.

Beide nun miteinander immer zu vergleichen, erübrigt sich eigentlich, so gering fallen die verbliebenen Gemeinsamkeiten aus. Im Umgang mit den Haustauben könnte man sich jedoch an der Wildform noch in vielerlei Hinsicht orientieren. Da wäre die Genügsamkeit: Häufiger und knapp gefütterte Alttiere füttern eher ihre Jungen als bis zur Lustlosigkeit versorgte und dahinvegetierende Tiere. Mit der frühzeitigen Gewöhnung an die Zellenfütterung können die neugierigen Sprösslinge zum Nachahmen der Futteraufnahme animiert werden, wodurch ihnen zur Selbstständigkeit verholfen wird.

Im Grunde genommen wird der weitsichtige Züchter, auch wenn es ihm schwerfällt, auf hohe Preisträger zu verzichten, weniger verlässliche Elterntiere aus der Zucht nehmen, das heißt, sie nach unbefriedigender Bewährungsprobe nicht wieder einstellen. So, wie sich züchterisch Rassemerkmale optimieren lassen, steht doch einer kalkulierbaren Auslese, wie sie in der Wirtschaftstaubenzucht gehandhabt wird, nichts im Wege. „Schönheit“ muss darunter nicht leiden. Wenn auch konsequent auf zuverlässige Jungtieraufzucht hin selektiert wird, kann dies später mit Verzicht auf weitere Bruten während einer Zuchtperiode ausgeglichen werden.

Um Tauben gesund zu erhalten, muss auch bei der Fütterung auf Hygiene geachtet werden.

Die richtige Ernährung

In ihrer Werbung übertreffen sie sich, die Futtermittelhersteller samt ihrer Vertriebshändler. Mit dem Offenlegen von Analysen der verpackten Inhaltsstoffe versprechen sie, die allerbesten Mischungen anzubieten. Übertreiben tun sie dabei nicht, immerhin stellen sie Zuchterfolge in Aussicht, wie sie vorzüglicher nicht ausfallen könnten. Jeder schwört, nur das Beste für die Tauben ihrer Kundschaft bereitzuhalten, nämlich sortierte Nahrungsmittel, vielseitig, zum Teil aus exotischer Importware der jüngsten Ernte zusammengestellt, gereinigt, deshalb bekömmlich – kein Korn bleibt liegen. Dem Wortlaut ist wirklich nichts hinzuzufügen. Den Anbietern ist glaubhaft daran gelegen, dass es den Tauben der Kunden wirklich gut geht.

Viele meinen aber, das ist zu gut, weil sie zu bestimmten Zeiten ihre optimal versorgten Tauben vor einem solchen Überfluss bewahren wollen und demgemäß die Futterrationen mit Zugaben, vor allem von Gerste – dem Brot der Tauben, wie es heißt –, in gewissem Maße strecken, zwar nicht so streng nach dem Motto „Hunger ist der beste Koch“, wohl aber nach bestem Wissen und Gewissen ihre Tiere bedarfsgerecht, bekömmlich und möglichst vielseitig ernähren wollen.

Die Betonung liegt hier auf „bedarfsgerecht und vielseitig“. Tauben unterscheiden nicht wie die Menschen nach deftig oder herzhaft, süß oder sauer. Der Geschmacksinn der Tauben ist – wie beim übrigen Hausgeflügel auch – ein anderer und nicht besonders sensibel ausgeprägt. Entsprechend ihrer Schnabelgröße und Schlundweite wählen sie offensichtlich die Körner nach dem „Augenmaß für verzehrbare Größe“.

Bei Tauben ist die Futterbeliebtheit auf die Korngröße ausgerichtet.

Ihre direkte Beziehung zur Nahrung wird durch verschiedene Faktoren bestimmt. Ein angeborenes Verhaltensmerkmal ist der sogenannte „Pickvorgang“, das Fixieren der einzelnen Stoffe, das Aufgreifen mit dem Schnabel und Hinunterschlucken. Am ehesten ist das angeborene Anpicken der Tauben bei Wasser zu beobachten. Vor dem Trinken aus einem Behälter und dem Einspringen in das Nass picken sie in den glänzenden Wasserspiegel.

Taubenfutter rein und frisch zu halten, setzt eine trockene Lagerung voraus; aber auch die Weitergabe an die Tauben verlangt eine hygienisch einwandfreie Behandlung.

Als von Natur aus nicht ortsgebundene Vögel sind Tauben bei der Nahrungssuche allerdings wählerischer als es beispielsweise Hühner gegenüber Körnern mit schwarzer Farbe sind. Sind feldernde Tauben an einer Fundstelle mit dem Angebot nicht zufrieden, fliegen sie an einen anderen Ort, um die Suche fortzusetzen. In der abnehmenden Beliebtheitsskala sind früheren Studien zufolge Tauben vorzugsweise an Hanf, dann an Raps, Weizen, Wicken, Erbsen, Roggen, Gerste, Lein und Hafer – in der Reihenfolge – interessiert.

Die modernen Futtermischungen enthalten jetzt teilweise außerhalb von Mitteleuropa geerntete Bestandteile. Weil nach der Sättigung die Gerste – hin und wieder sind es, je nach Lieferant, Erbsen – am längsten im Futtertrog verbleibt, wurde mit den als Ersatz gewählten Alternativen offensichtlich eine gute Wahl getroffen.

Ausgewogenes Futter

In einer erfolgreichen Rassetaubenzucht nimmt die Fütterung einen hohen Stellenwert ein. Ausgewogenes Futter ist vor allem für Volierentauben, aber auch für frei fliegende Tauben die Grundvoraussetzung einer vielseitigen Versorgung. Wer lässt heute noch wertvolle Ausstellungskandidaten zu Felde fliegen? Befruchtung,

Eine reichliche Auswahl an Mineralien und wie hier zerkleinerter Schnittlauch halten diese Usbekischen Schautümmler fit und stärken ihr Immunsystem.

Wachstum, Mauser, Farben der Federn und Augen, Strukturmerkmale – die Gesamtkondition ist vom Futter abhängig, wenn man sich bewusst ist, dem Trinkwasser eine ebensolche Bedeutung beizumessen.

Der gut gemeinte Ratschlag „Es muss in das Ei hineingefüttert werden" bestätigt sich immer wieder. Ist doch zu berücksichtigen, dass die Nachkommen der Vögel außerhalb des Mutterleibs ihren Anfang auf dem Weg ins Leben nehmen.

Handelsüblich ist ein reines Körnergemisch. Wer Haustauben pflegt, tut gut daran, sich an der Lebensweise ihrer Vorfahren zu orientieren. Und überhaupt stellt sich dabei grundlegend die Frage: Wann und wo findet eine Taube in ihrem natürlichen Lebensraum jemals – und wenn, dann doch nur selten – ein trockenes Korn? Allenthalben bezeichnen wir die Tauben gern als Körnerfresser. Damit werden sie einfachheitshalber zwar versorgt, Tauben sind aber eigentlich Allesfresser. Wer sich die Mühe macht, seinen Tauben aus der Natur angebotene Beigaben vorzusetzen, wird sehr bald erkennen, wie viel Zeit sie dafür aufwenden und mit welchem Eifer sie sich den ganzen Tag damit beschäftigen, ja geradezu hingezogen fühlen.

Die Aussage „Meine Tauben rühren Grünes oder andere Naturalien aus Feld und Flur nicht an" klingt nicht überzeugend. Hier mangelt es wahrscheinlich an Zeiteinsatz oder vielleicht an Geduld, sie damit vertraut zu machen! Steht dieser Feststellung doch gegenüber „Meine Tauben fressen Grünes wie die Kühe." Nachweislich werden doch gerade in solchen Zuchten die vitalsten Nachkommen geboren – ein überzeugendes Resümee, endlich mit einem Versuch zu beginnen.

Wer Rückschau hält und in der Fachliteratur und -presse zurückblättert, wird feststellen, welche Entwicklung das Spektrum Taubenfutter in den vergangenen Jahrzehnten genommen hat. Waren es früher an das Feldern der Tauben angepasst landesübliche Produkte, sind es heute Futtermischungen mit hohen Anteilen aus entfernt liegenden Herkunftsländern und kaum noch aufzuhaltenden Kaufpreissteigerungen. Dies ist mit ein Grund dafür, dass in Züchterkreisen tendenziell zunehmend wieder das Interesse an konservativen, nämlich preiswerten Eigenmischungen steigt.

Vierzig lange Jahre waren die Taubenzüchter im Ostteil unseres Heimatlandes auf Selbsthilfe angewiesen. Und sie gingen meisterhaft damit um. Wer die Bedürfnisse seiner Tauben kennt – der Futterbedarf ist von Rasse zu Rasse unterschiedlich –, wird sie mustergültig erfüllen und danach verfahren.

Orientierungshilfen sind in der spezifischen Fachliteratur zu finden (siehe Literaturverzeichnis im Anhang). Deshalb soll an dieser Stelle auf das Thema Futter nur kurz eingegangen, dafür umso mehr auf langjährige Erfahrung fußende Fütterungspraktiken verwiesen werden.

Die richtige Zusammensetzung

Lebenswichtig für den Taubenorganismus ist die gezielte Zuführung von Nährstoffen. Das sind gemäß ihrer Bedeutung: Eiweiße, Kohlenhydrate, Fette und Wasser. Unverzichtbare Ergänzungsstoffe sind Mineralien und Vitamine. Auf die ausgewogene Verteilung kommt es an. Zu welcher Zeit besteht vermehrt Bedarf an diesen und jenen Substanzen? Wie muss ventiliert werden, damit Überschüsse nicht organische Aktivitäten in Gang setzen wie beispielsweise das verfrühte Legen bei den Täubinnen, wohingegen zurückgehaltene Zuwendungen während des Mauserverlaufes den Körper schwächen und letztlich Mangelerscheinungen zum Stillstand führen könnten? So wird zwischen Erhaltungs- und Leistungsfutter unterschieden. Das eine erhält die Lebensfunktionen aufrecht, das andere begünstigt sowohl die Qualität und den Legevorgang der Eier und die mit der Brut korrelierende Kropfmilchbildung, die Jungenaufzucht sowie bei Flugtauben deren Flugvermögen. Gehaltvolle Ergänzungen sind während der Mauserzeit und der Schaubeschickung darauf ausgerichtet und unabdingbar.

Die meisten Züchter werden an der üblichen Futterbeschaffung vom Fachhandel festhalten und auch nicht die Gewohnheiten ihrer Fütterungsmethode ändern. Mittlerweile ist die Kenntnis um die Beschaffenheit der erforderlichen Futterzusammensetzung doch zu einer Wissenschaft herangereift. Fütterungsschäden richtet der Unerfahrene an, wenn er seinen Tauben, wie zum Beispiel Kurzschnäblern, die unpassende Korngröße vorsetzt, aber auch Mischungsbestandteile in den Trog füllt, die Einfluss auf farbige Merkmale nehmen, oder wo auf Dauer einseitige Fütterung infolge Unterversorgung zu Rachitis und Skorbut führt.

WEICHFUTTER

Eine heute hierzulande nicht mehr übliche, umso mehr noch in nordosteuropäischen Ländern und weiter östlichen Regionen Asiens gehandhabte Methode ist die Ernährung mit Weichfutter. Der Nährstoffgehalt des Weichfutters ist nicht von der Hand zu weisen. Entgegen hiesiger Expertenmeinungen wird den Tauben dort spätnachmittags altbackenes, eingeweichtes, mit einigen Prisen Salz angereichertes Brot angeboten. Untergemengtes Fleisch – vorher im Wolf zerkleinert und gekocht oder roh – verschmähen sie dabei nicht. Erst nach völligem Verzehr desselben folgt anschließend die Körnerfütterung.

Fütterungstechnik

Nahrung wird dann zum Streitobjekt, wenn der Hunger nicht gestillt ist. In menschlichem Sinne auf Tiere übertragen spricht man in solchen Situationen von Futterneid. Im Kampf ums Überleben sind die Schwächeren den Stärkeren dabei unterlegen. Das leuchtet ein, denn gerechtes Teilen ist im faunistischen Verhaltensrepertoire auch bei sozial lebenden Tieren nicht verankert. Tauben bilden hier keine Ausnahme. Solche Verhaltensweisen gehören zum Alltag eines

Ein Futterbrocken in dieser Größe ist für Tauben nur dann interessant, wenn sie hungrig sind. Neid veranlasst die Nahrungskonkurrenten, ihn ihrem Artgenossen streitig zu machen.

Taubenlebens. Auch bei zuverlässigem Versorgen streben sie danach, zunächst zum schnellen Sattwerden die größten Happen zu erreichen. Erst dann wenden sie sich mit zunehmender Sättigung den noch vorhandenen Nahrungsteilen zu.

Das Foto mit der flüchtenden Straßentaube gibt zu denken: Während in organisierten Zuchten die Rassetauben optimal und ausreichend versorgt sind – davon ist auszugehen –, lassen sich beim genauen Zuschauen einer Taubenfütterung und dem Analysieren des Nahrungsaufnahmeverhaltens vergleichbare Merkwürdigkeiten beobachten. Die These „Die Fütterungsweise unserer Tauben ist ihnen zuträglicher als die vorgesetzte Futterqualität" bestätigt sich dann, wenn die Handhabung des Fütterns in der Praxis nur nach dem Schema Sattwerden abläuft. Dass „Hunger ist der beste Koch" eine gelegentlich angebrachte Empfehlung zu sein scheint, mag dort zutreffen, wo die Verfettung der Tiere zum Gesundheits- respektive Fortpflanzungsproblem wird. Gegensätzlich verfahren, werden knappe Futterrationen zu einem Risiko, wenn sich die Tiere auf den Trog stürzen und mit ausgebreiteten Flügeln, dem sogenannten Pflügen, wie es die Ethologie bezeichnet, versuchen, einen Platz zu ergattern und sich schließlich, so hungrig wie sie sind, eiligst dem größten „Brocken" zuwenden. Das Drängeln an der Raufe nimmt zu, so ungeduldig ist die zweite Reihe im Vormarsch. Wo der Futtertrog zu klein ist, wird es für das Einzeltier zum Problem, an das Futter zu kommen.

Bedürfnisbefriedigung verleiht rücksichtlose Energie; die eine und andere Taube wird abgedrängt und kommt nicht zum Zuge. Sie bleibt hungrig. Ist der Ehepartner erfolgreicher gewesen und kann er die junge Brut ausreichend versorgen? Wo es an Aufmerksamkeit des Taubenbetreuers fehlt, werden die folgenden Auswirkungen ein Rätsel bleiben.

Hier sieht man einige Lockmittel, um Tauben in nächster Nähe zu füttern.

Ein analytisch als ausgewogen propagiertes Qualitätsfutter bleibt in seiner Zusammensetzung nur dann weitreichend vollwertbeständig, solange die geballte Reichhaltigkeit einer solchen Optimalmischung auch jeden Taubenorganismus erreicht. Wer hungrigen Tauben – und das sollen sie in gewissem Maße sein – das Futter zur schnellen Aufnahme rationiert in einen viel zu kleinen Behälter schüttet, läuft Gefahr, seine Tiere unzureichend zu füttern. Gefährdet sind zweifellos Bestände umso mehr, bei denen in einer Schlaggemeinschaft Rassen, unterschiedlich in Temperament und Körpergröße, im Nahrungswettbewerb ums Futter konkurrieren.

Ein gesundes Erkennungsmerkmal ist, wenn die Tauben, in Erwartung gefüttert zu werden, zum gewohnten Zeitpunkt dem Futtermeister aufgeregt entgegenfliegen. Das Futter in die Futterrinne geschüttet, lässt sie bis zum Finden des vermeintlich aussichtsreichsten Platzes mit aufgerichteten Flügeln durcheinander laufen – ein Verhalten, das ihren Urahnen und feldernden Tauben nicht eigen ist. Deren Suchen findet auf großen Flächen statt, wo jede für sich fündig wird. Es bedarf dann einer langen Verweildauer an den Futterplätzen, bis die Tauben befriedigt zu ihrem Wohnort zurückfliegen.

Straßen- und Haustaubenbestände hingegen unterliegen überlebensstrategisch einerseits der Not gehorchend, andererseits sollten sie in menschlicher Obhut nicht durch Überversorgung in (Verfettungs-)Gefahr gebracht werden.

Von Hunger getrieben, nehmen sie mit Begierde hastig das Futter auf. Währenddessen breiten sie abschirmend beide Flügel aus, zum einen, um Nahrungskonkurrenten fernzuhalten, und zum anderen, um auf diese Weise den Eigenbedarf zu schützen. Wenn nach einem derart übereiferten Ansturm den Tauben nun wichtige Anteile entgehen, die Bedarfsverteilung quasi nur ungleich erfolgt, bleiben die Nachzügler jedenfalls einseitig, demzufolge unterversorgt auf der Strecke.

Zur Auswahl stehendes Standfutter wäre eine Lösung, um den Tauben die gesamte Palette des substanziellen Nährstoffreichtums anzubieten. In der wissenschaftlichen Literatur mit ad libitum (nach Belieben) umschrieben, könnten sie auswählen. Somit wäre jedes Tier ausgeglichen ernährt. Aber auch diese Fütterungsmethode birgt bekanntermaßen gewisse Unliebsamkeiten in sich. Immerhin ist die Menge auf Rasse und Bestandsgröße abzustimmen und sollte mit der An- bzw. Abwesenheit der Betreuer in Einklang gebracht werden. Viele Züchter bedienen sich durch steuerbare Futterautomaten ersatzweise eines Mechanismus, der erfahrungsgemäß – zumindest zeitweise – gute Dienste leistet.

Bewährt hat sich nach wie vor die Fütterung aus der Hand, die Tauben also in unserem Beisein picken zu lassen, bis sie satt sind. Das sind sie, sobald die ersten die Tränke aufsuchen, währenddessen die übrigen eher unlustig noch ihre Aufmerksamkeit den verbliebenen, meistens Gerstenkörnern schenken.

DER TASTSINN FÜR DIE FUTTERWAHL

Wie alle Geflügelarten haben auch Tauben für die verzehrbare Größe ein spezielles Augenmaß entwickelt. Wenn hungrige Tauben sich mit einem übergroßen Nahrungsbrocken abmühen und ihn unmöglich verschlucken können, dann ist das eine Ausnahme. Die Wissenschaft hat herausgefunden, dass es bei der Futterauswahl auf den Tastsinn ankommt. Wer für Tauben mit der Hand auf einer größeren Bodenfläche das Futter ausstreut, wird beobachten, wie sie hin und her laufen, dort und da picken, ohne hierbei nun jedes vor ihnen liegende Korn aufzunehmen. Abgesehen von der Beliebtheit orientieren sie sich an der Korngröße und deren Form.

So mancher Taubenpfleger mag irritiert sein, wenn bei gleicher Versorgung die eine oder andere Jungtaube in ihrer Entwicklung nicht vorankommt, so manches Alttier zögerlich mausert oder andere wiederum Konditionsschwächen zeigen. Ein Grund kann die einseitige Futteraufnahme sein. Gleichmäßige Futterverteilung gelingt einwandfrei durch das Aufstellen von mehreren Futterbehältern, wie es bei vielen Züchtern praktiziert wird.

Aber welche Fütterungsweise käme den Tauben „von Natur" aus am besten entgegen? Berufstätige machen es zur Gewohnheit, morgens und abends den Tauben sozusagen den Tisch zu decken. Felsentauben gehen am zeitigen Morgen nach dem Hellwerden auf Nahrungssuche; oft müssen sie dafür weit fliegen. Das tun auch feldernde, auf sich gestellte Haustauben. Mit vollem Kropf fliegen sie zurück und reichen einen Teil des Inhaltes an den Nachwuchs weiter. Volierentauben verhalten sich ähnlich. Ihr erster Besuch gilt dem Futtertrog – die Jungtiere, mit leerem Kropf hungrig geworden, warten darauf, versorgt zu werden. Die Fütterung frühmorgens ist also naturgemäß. Bis zum Abend müssen sie in organisierten Zuchten aushalten, erst dann erfolgt die zweite Mahlzeit. Wäre Standfutter vorhanden, würden die Alttiere davon aufnehmen; ob sie es an die junge Brut weitergeben, bleibt jedoch fraglich.

Haustiere, wie es unsere Zuchttauben sind, hören nicht mit der Nahrungsaufnahme auf, wenn sie satt sind. Ständig auf der Flucht und um Gefahren auszuweichen, müssen Wildtiere beweglich bleiben. Sie kennen deshalb ihre Bedarfsgrenze. Zuviel des Guten lässt unsere Haustauben phlegmatisch und träge werden, ihnen entschwindet das Interesse an den Nachkommen, sie verfetten, die Gelege sind teilweise unbefruchtet, die Embryos sterben ab oder die Taubenküken bleiben im Ei stecken. Dies sind Folgen des Überflusses.

Erfahrungsgemäß regen die Elterntauben eher an, die Nestjungen zu versorgen, wenn mehrmals sehr kleine Mahlzeiten gereicht werden. Wohlversorgte

Jungtiere verbleiben auch während des Flüggewerdens in ihrem Nest; ihren Eltern kommen sie beim Brüten des Nachfolgegeleges nicht zu nahe, selbst dann nicht, wenn die Nistschalen auf gleicher Ebene ihren Standort haben.

Die Fütterung seiner Tauben ist für den Taubenwirt ein ebensolches Vergnügen wie es von seinen Pfleglingen durch freudiges Flattern wahrgenommen und zum Ausdruck gebracht wird. Zuweilen kann er sie beobachten und er sieht, ob alle wohlauf sind oder eine weniger mobil erscheint. Im Laufe der Zeit wird er entscheiden, welche Fütterungsmethode für beide Seiten die sicherste ist.

Rund ums Trinkwasser

Trinkwasser ist für Tauben ein Lebenselixier, wenn seine Temperatur 15 °C nicht übersteigt. Je wärmer es ist, umso eher meiden sie es. Dann zeigen sie ihren Durst hechelnd mit offenem Schnabel und hängenden Flügeln. Sie wirken apathisch, an sozialen Handlungen nehmen sie nicht teil. Bei reiner Trockenfütterung und dem Fehlen von organischer Frischnahrung – sozusagen Grünes aus dem Garten – ist ihr Bedarf im Sommer viel höher als im Winter. Während der Jungenaufzucht ist das Trinkbedürfnis besonders hoch.

Die hochgestellte Tränke minimiert die Verunreinigung des Trinkwassers, die aufgestelzte Futterrinne die unterseitige Verschmutzung der Schwanzfedern.

Tauben trinken saugend, mit geschlossenen Augen. Gehen wir davon aus, dass den Tauben auch im Winter ständig frisches und natürlich eisfreies Trinkwasser zur Verfügung steht. Die Technik macht es möglich, denn Tränkenwärmer bietet der Fachhandel in unterschiedlichen Varianten an.

Wenn das Anpaaren in die Wintermonate fällt und Grünfutter nicht gereicht wird, ist die Versorgung – wie zu jeder Zeit – mit frischem Wasser ganz besonders wichtig. Jedes sich bildende Ei besteht zu 70 % aus Wasser. Wären Täubinnen durstig, käme der Legevorgang – wenn überhaupt – nur zögerlich in Gang; dünnschalige Eier sind nicht selten auf einen solchen Mangel zurückzuführen.

Weil das Tränkwasser durch Verunreinigung infolge von Schlag- und Federstaubablagerungen auf seiner Oberfläche gefährdet scheint, empfiehlt es sich, das Gefäß von der Fußbodenebene entfernt an höher gelegener Stelle zu positionieren, und zwar dort, wo die Sonnenstrahlen nicht hingelangen. Eine solche Platzierung bietet außerdem den Vorteil, dass die Volierentauben zum Fliegen angeregt werden und ihnen demnach zwangsläufig nützliche Bewegung verschafft wird.

Tränkenhygiene

Trinkwasser kann zum Gefahrenherd werden, wo die Hygiene vernachlässigt und es demzufolge unverzeihlich zum Übertragungsherd für Krankheitserreger wird. Der tägliche Behälteraustausch mit frischem Wasser gefüllt muss grundsätzlich zum verlässlichen Tagesritual werden.

Die Fachhandelsangebote überzeugen mit Stülptränken in farbiger Hartplastikqualität. Dank ihres unterschiedlichen Fassungsvermögens wird die Anschaffung auf den Bedarf des Tierbestandes ausgerichtet leicht möglich. Nimmt im Laufe der Zuchtsaison die Zahl der Schlaginsassen zu, muss man sich für eine zweite oder größere Trinkstelle mit mehr Inhalt entscheiden. Ihre Nutzbarkeit ist zwar nicht von unendlicher Dauer, erleichtert aber im Zuge des Säuberungsverfahrens im Wechsel eine rasche Bereitstellung

Die Verwendung von Tränken aus Glas und Kupfer ist keineswegs nachteilig – ihre Oberflächen wirken keimhemmend, sind aber weniger leicht zu reinigen. Darum sind sie nur selten gefragt und kaum noch im Angebot zu finden.

Wer auf die Gesundheit seiner Tauben bedacht ist und damit verantwortlich umgeht, wird aus Vorsorge nicht nur den möglichen Impfprogrammen nachkommen. Er wird genauso die Bedeutung der Tränkenhygiene kennen. Bei Temperaturen von über 20 °C vermehren sich die im Wasser befindlichen Mikroorganismen explosionsartig. An den Wandungen führen sie unaufhaltsam rasch zu einem schleimigen Belag; ihn zu beseitigen, erfordert viel Mühe, noch dazu, wenn über das Trinkwasser lösliche Medikamente oder Vitaminpräparate verabreicht werden.

Die absolut gründliche Reinigung der Tränkenober- und -unterteile sowohl innen wie außen erfolgt mittels kochend heißem Wasser und einer Bürste. Die Austrocknung sollte ausschließlich in der Sonne erfolgen. Erst dann werden die Tränken bis zum nächsten Einsatz umgestülpt beiseite gestellt.

Tränken aus Hartplastik, unterschiedlich in Größe und Farbe, sind für den Einsatz von Tränkewärmern im Winter geeignet. Die Rundummarkierung entspricht dem Fassungsvermögen nach Liter; bei der Verabreichung von Präparaten über das Trinkwasser erleichtert sie die angegebene Dosiermenge.

In Gegenden, wo das Wasser sehr kalkhaltig ist, sind Kalkablagerungen nicht zu vermeiden. Hier haben sich zur Reinigung Lösungsmittel in Tablettenform, wie sie Zahnprothesenträger benutzen, bewährt.

Zugegeben, es wird in der Praxis in dieser Weise derart penibel nicht überall bei der Tränkenpflege verfahren. Denn wo gelangt in der Natur eine Taube jemals an frisches Wasser? Und auch Rassetauben trinken bei Freiflughaltung nach Regengüssen mit besonderer Vorliebe aus Pfützen und überleben – ohne hierbei Schaden zu nehmen – das Durstlöschen auch noch. So empfindlich sind sie offenbar nicht. Dennoch sollte man hierbei auf Sauberkeit achten.

In keiner Zunft, die sich mit Tauben beschäftigt, wird im Hinblick auf Wettbewerbserfolge und demgemäß auf die Gesunderhaltung ausgerichtet derartig experimentiert und nach gesunden und leistungsbezogenen Wegen gesucht, wie es die der Brieftaubenzüchter tut. Nach überzeugendem Ausgang halten sich die Rassetaubenzüchter natürlich gern an solche Vorbilder und probieren auch selbst etwas aus. Freilich bleibt es jedem überlassen, solchen Ratschlägen nachzueifern, wie zum Beispiel anstatt reinem Wasser spezielle Teesorten bereitzustellen oder Kräuter-Mix-Produkte über das Trinkwasser zu verabreichen, denn dies verlangt Fingerspitzengefühl und Beobachtungsgabe. Rezepturen sind viele auf dem Markt; bis sie zum Erfolg führen, bedarf es jedoch einiger Geduld.

Weit verbreitet in Züchterkreisen ist das Anreichern des Trinkwassers mit einem aus Knoblauch und Zwiebel gewonnenem Sud. Bewährt hat sich auch das Hinzugeben von festen Teilstücken. Neben dem gesundheitlichen Effekt verhindern sie bei täglichem Wechsel obendrein das Ausbreiten von gefährlichen Krankheitserregern.

Zum fortwährenden Alternativeinsatz werden zur universellen Trinkwasserdesinfektion gegen Infektionskrankheiten vorbeugend vom Fachhandel eine sogenannte Blautinktur und ähnliche gleich wirksame Produkte empfohlen.

Magensteinchen sind unerlässlich

Bei der Aufnahme lebensnotwendiger Mineralien wird zwischen solchen, die vom Organismus für den Aufbau der Knochen und die Bildung der Eischale in Form von Kalk aufgenommen werden, und denen, die im Magen eine mechanische Funktion zu erfüllen haben, unterschieden. Damit sind die Magensteine gemeint. Zum Zweck der Zerkleinerung von festen Nahrungsteilen, den Futterkörnern, bleiben sie für die Verdauung unerlässlich.

Magensteinchen sind runde, kantenlose Quarzstücke, sozusagen der Zahnersatz. Nur sie werden ihren Anforderungen gerecht, weil sie in Kieselqualität von der Magensäure aufgrund ihrer Härte nicht zersetzt werden. Wenn sie fehlen, muss man sich nicht wundern, mit welcher Begierde Volierentauben vor allem während der Jungenaufzucht bei nur einseitiger Bereitstellung von Taubenstein und Grit versuchen, damit diesen Verzicht annähernd auszugleichen. Alternativ sind das selbstverständlich Mineralien, aber wegen ihrer geringen Festigkeit sind sie leicht auflösbar und verweilen nur kurz im Magen – deshalb machen sie durstig! Die Folge ist dann ein wässriger Kotabsatz.

Fehlen die Magensteinchen, kränkeln Tauben schlimmstenfalls. Eine Folge des Entzugs zeigte bei Versuchen mit Brieftauben das völlige Aufhören der Mauser oder unregelmäßiges Mausern. Das Fehlen von Magensteinchen führt zu Appetitlosigkeit, die Nahrungsaufnahme lässt nach und die Tauben verlieren an Gewicht – Erscheinungen, die sich natürlich genauso bei frei fliegenden Tauben zeigen, wenn sie nicht feldern, sofern sie keine kieselsteinartigen Bestandteile aufnehmen. Ihre Verweildauer im Magen richtet sich nach dem auffindbaren Nachschub. Mehr oder weniger abgenutzt verlassen sie erst nach Zufuhr neuer Steinchen den Taubenkörper.

Kein gleichwertiger Ersatz sind zerstoßene Muschelschalen und ebenso wenig zerkleinerte Steinteile von gebrannten Mauerziegeln. Alle anderen Zuwendungen wie Mörtel und Lehm – von den Tauben zwar begehrt – tragen sinngemäß nur geringfügig zur Entlastung des Muskelmagens der Tauben bei. Magensteine hält der Fachhandel in verschiedenen Qualitätsausführungen bereit. Feinkies, in größeren Mengen beschafft, ist in Baumärkten vorrätig.

Grünes aus dem Garten und vom Feld

Grünes, halbreife Blütenstände und natürliche Vitamine sind Gaben aus Gottes freier Natur, die unsere Volierentauben mit reinem Vergnügen zu sich nehmen. Darauf warten sie. Wo es fehlt, ist nicht garantiert, dass die Vögel gesund ernährt werden.

Es ist ein Irrtum zu glauben, es gäbe ein Körner- oder auch ein mit Vitaminen gestärktes Futter, das ausreicht, die Rassetauben sowohl substanziell als auch ausgeglichen zu ernähren. Wenn sie im Zuge des züchterischen Fortschrittes freilich gerade mal ein, zwei Jahre lang nur für Nachwuchs sorgen müssen, um nachher ausgemustert zu werden, mag die Philosophie der Etappensiege aufgehen. Am Dauererfolge beteiligt bleiben aber nur die Experten, die sich auf ihren durchgezüchteten Basisstamm berufen können. Und da sind in der Rassetaubenzucht laufende Zeitspannen von zehn, zwanzig und mehr Jahren eigentlich kurze Intervalle.

So viele Jahre lang halten eben Züchter fest, ihren Tauben neben der gewohnten Körnerfütterung ihnen angedeihend Brauchbares aus der Natur zukommen zu lassen, nämlich das, was sie beim Feldern selbst auswählen.

Je nach Wohnsitz wird es für den einen oder anderen beschwerlich sein, an geeignete Naturalien zu gelangen. Nicht jeder wohnt auf dem vielfältig strukturierten Land, in der Nähe von Rainen, Feld und Flur. Doch die Supermärkte führen heutzutage zu jeder Jahreszeit in ihrem Angebot eine Vielzahl von grünen Vitaminspeichern und Trägern von Spurenelementen zu einigermaßen erschwinglichen Preisen.

Die Grünfutterverwertung der Volierentauben ist gewohnheitsabhängig. Manche vertilgen das große Angebot von Grünem „wie die Kühe“: Brunnenkresse, Kopf- und Eisbergsalat, Chinakohl, Löwenzahn, Mohrrübe, Petersilie, Schnittlauch, Spinat, Selleriekraut und die Blätter vom Blumenkohl, ebenso über Wasser gereichte Zwiebeln und Knoblauch. Vor allem ist aber die Vogelmiere der wahre Leckerbissen für die Tauben. Wenn sie daran gewöhnt sind, wird alles wie Delikatessen angenommen. Zu den beliebten Naturalien – nicht größer als erbsengroß zurechtgeschnitten – gehören auch noch Rettich und Radieschen. Sie wirken entgiftend, durchblutungsförderlich, blutbildend und sorgen für eine gute Verdauung. Ihr Vitamingehalt, vor allem Vitamin B und C, ist neben anderen Substanzen beachtlich.

Außerdem enthält das Grünfutter folgende Spurenelemente: Eisen, Kobalt, Kupfer, Mangan, Molybdän und Zink, ebenso das für den Geschlechtstrieb so wichtige Jod.

Die Aufnahme von Produkten aus der freien Natur ist eine Frage der Gewohnheit. Tauben sind leicht daran zu gewöhnen. Geködert mit einer Prise Salz wiederholt vorgesetzt, führt Geduld letztlich doch zum Erfolg. Allerdings sollte noch erwähnt werden, dass die Wirkung der von den Taubenhaltern und -züchtern verabreichten Naturalien im Einzelnen nicht aufschlussreich erforscht ist. Schaden können sie jedenfalls nicht anrichten. Immerhin sind es beliebte Vitaminspender, die auch für ausreichende Beschäftigung über den Tag verteilt sorgen.

Tauben lieben frische Produkte aus der Natur wie Radieschen und deren Kraut, …

… Brennnesseln und …

… Löwenzahn.

Keimfutter

Dass keimendes Körnerfutter von den Tauben bevorzugt aufgenommen wird, ist für jeden ihrer Betreuer selbstverständlich. Sie wissen, dass für sie selbst in guten Reformhäusern sowohl die Rohstoffe als auch die zu ihrer Herstellung notwendigen Gerätschaften angeboten werden. Allerdings argwöhnen sie um die Zubereitung. Während des Keimprozesses könnten die Nahrungs-

So wird das Keimfutter im handelsüblichen Keimsilo angesetzt.

Keimbeginn nach dem Ansetzen bei Wohnraumtemperatur:
Gerste = 24 Stunden
Weizen = 24 Stunden
Mischfutter = 24 bis 36 Stunden
Erbsen = 30 Stunden
Sämereien = 48 Stunden

mittel schimmlig werden – und das ist bei der Verfütterung eine Gefahr für die Tauben. Das Ansetzen des Keimfutters und auch die weitere Vorgehensweise sind aber nicht sehr aufwendig.

Tauben nehmen mit Vorliebe Keimfutter auf – erhöht der Keimprozess doch den Gehalt der lebenswichtigsten Vitamine, Mineralien, Aminosäuren, Enzyme und Spurenelemente. Einem Vitaminbündel gleich wirken Keimlinge wie Vitalwunder. Werden sie den Tauben lange vor der Anpaarung vorgesetzt, sichern sie bis zum Schlupf des Kükens den gesunden Verlauf der Embryonalentwicklung und stärken für den Eintritt in das Leben das Immunsystem.

Keimfutter kann auf verschiedene Weise hergestellt werden. Die einfachste Methode ist das Einweichen in einer Schüssel oder, wenn es nicht mehr als zehn Zuchtpaare sind, in einem kleinen Keimsilo. Dies besteht aus transparentem Kunststoffmaterial, der untersten Auffangwanne, drei übereinander liegenden Schalen und einem Deckel. In den Keimschalen befinden sich Bodenöffnungen, damit das Wasser ab- bzw. von der oberen bis zur unteren Körnerschicht sickernd hindurchfließen kann.

Während der kalten Jahreszeit wird das Keimfutter in einem beheizten Raum angesetzt. Die Körner werden in den etagierten Schalen gleichmäßig verteilt und die oberste wird dann randvoll mit handwarmem Wasser gefüllt. Am ersten Tag nach dem Durchsickern wird das Ganze noch einmal wiederholt, bis der gesamte Inhalt vollgesogen ist.

Das beschleunigt den Keimvorgang. Wer diesen Vorgang morgens und abends drei Tage lang praktiziert, wird bald – bei Gerste und Weizen bereits nach 24 Stunden – kleine Sprossen erkennen und an den einzelnen Körnern das Wachstum beobachten können. Dann ist die Zeit zum Verfüttern gekommen. Übrigens: Wie Zierpflanzengärtner herausgefunden haben, sind die aufgefangenen Wasserreste für Zimmerpflanzen ein biologisch aufbereitetes vorzügliches Gießwasser!

Für die Taubenfütterung sollten die Keime nicht länger als wenige Millimeter sein. Wer bei günstigen Voraussetzungen (Wärme, Hygiene) und nach regelmäßig ausgetauschtem Frischwasser länger als drei Tage auf das Keimen warten muss, kann davon ausgehen, altes Lagergut angesetzt zu haben. Hier sollte man den vorbereiteten Inhalt in einem Behälter mit frischem Wasser waschen bzw. durchspülen, um einem Schimmelbefall vorzubeugen.

Eine andere Methode ist das Vorkeimen in einem mit Muttererde gefüllten Behälter. Dafür – so auch im Keimsilo – sind vor allem das bei der Waldvogel- oder Ziergeflügelhaltung übliche Originalfutter oder die Überreste davon bestimmt. Wenn die grünen Spitzen die Erde durchstoßen, sind sie samt der Erdballen bei den Tauben besonders willkommen.

Generell sind sämtliche Körnerarten in gekeimten Zustand ein hervorragendes Nahrungsmittel. Vor der eigentlichen Fütterung zuerst gereicht oder als Zwischenmahlzeit in kleineren Mengen ist es für Jungtauben sowie Alttiere, zur Weitergabe an die Nestlinge, eine vorzügliche Delikatesse.

Ein Wort zum Getreidekauf: Keimfähigkeit

Beim Kauf des Taubenfutters von namhaften Herstellern kann man davon ausgehen, dass man eine gute Qualität erwirbt. Der Verwertungsaufdruck auf den Gebinden gibt neben der Auflistung der Inhaltsstoffe auch Auskunft über die Frische des Inhalts und empfiehlt, ihn bis zum vermerkten Termin aufbrauchen zu lassen.

Futterkauf ist reine Vertrauensangelegenheit. Wenn auch die Nachfrage den Preis regelt, wird sich der eine und andere Käufer nach wie vor an den zuverlässigen Händler oder Müller halten, von dem man bisher am besten bedient worden ist. Diese Einschätzung soll freilich seine Gültigkeit behalten, solange das Vertrauensverhältnis hoffentlich nicht gestört wird.

Der erfahrene Taubenzüchter wird durch Meldungen aus der Tagespresse und eigenen Beobachtungen sicherlich auch feststellen, wie häufig in den letzten Jahren das Getreide beim Reifen unter der Nässe leidet. Wie schwer muss es für die Bauern sein, das Erntegut in feuchtem Zustand zu mähen, wenn es überhaupt geht? Und wie hoch wird der Preis für den Zentner sein, der in den vergangenen Jahren so hoch ausfiel wie nie zuvor?

Gerste wird am häufigsten hinzugekauft, um das vom Fachhandel bezogene Mischfutter zu „strecken“. Selbst wenn es einen Preisaufschlag geben sollte, sie wird gekauft. Sie sollte aber nicht einfach unbesorgt den Tagesrationen beigemischt werden.

Hierzu ein Erfahrungsbericht, der nicht unbeachtet bleiben sollte:

Im Bestand des Verfassers befanden sich bei zwei Schlägen mit großräumigen Volieren in dem einen Schlag neun Zuchtpaare Altdeutsche Mövchen, im anderen sieben Zuchtpaare Mährische Strasser sowie in der gleichen Konzeption mit Freiflugmöglichkeit fünf Paare Felsentauben. Während der Winterruhe wurden die Rassetaubenpaare getrennt und das Futter für die Mährischen Strasser mit Gerste gestreckt, damit sie an Gewicht nicht zulegten, und das der Felsentauben damit verlängert, um sie weiterhin nicht am Feldern zu hindern. Ohne jede Abneigung nahmen die damit versorgten Tauben das mit Gerste ergänzte Futter auf.

Nach der Anpaarung legten sämtliche Täubinnen innerhalb weniger Tage ihre Gelege und bebrüteten sie. Die der Altdeutschen Mövchen waren durchweg befruchtet, die der anderen nicht! Im Laufe der nachfolgenden Eiablagen ergab sich folgendes Resultat: Von 70 Eiern der Mährischen Strasser waren sieben – also nur 10% – befruchtet, die beiden Gelege der Felsentauben waren ebenso total schier! Die Saison war gelaufen, mehr Bruten gehen Felsentauben nicht ein. Nicht unerwähnt soll bleiben: Alle Gelege verblieben – um die Täubinnen nicht zu strapazieren – zwei Wochen lang bei den Brütenden, bis sie entfernt wurden.

Nun sind Taubenversorger heutzutage dankbar, Futterlieferanten und Müller in der Nähe zu haben. Dennoch: Wer Gerste, Weizen oder anderes Getreide kauft, sollte sich zunächst auf ein Mindestmaß beschränken und zu Hause eine Keimprobe ansetzen. Sie gibt zuverlässig Auskunft über die Qualität der Ware. Die vorhin beschriebene Gerste war leider viel zu spät zum Keimversuch angesetzt worden. Sie blieb nach der üblichen Behandlung ohne jedes Anzeichen von Keimfähigkeit leb- und regungslos liegen.

QUALITÄTSBESTIMMUNG

Wer Getreidekörner zur Qualitätsbestimmung in die hohle Hand nimmt und sie dann zwischen den Fingern hindurchgleiten lässt, muss das Gefühl haben, sie fließen wie Öl ab – vorausgesetzt, sie sind gereinigt, also entstaubt, und Gerste möglichst an ihren Enden gestutzt. Wer zwischen Winter- und Sommergerste wählen kann, sollte sich für die Letztere, die Braugerste entscheiden. Tauben mögen sie lieber und sie ist wegen der fehlenden Grannen leichter zu verzehren.

Ein Jahr später bestätigte sich dann die Vermutung, als der Mitarbeiter des Getreidegroßhändlers mit einer Palette auf dem Gabelstapler aus der Trockenkammer gefahren kam und jubilierte, für die wartenden Kunden gerade frische Gerste abgefüllt zu haben! Sie war nicht nur technisch getrocknet, sondern buchstäblich überhitzt und dabei nutzlos zugrunde gerichtet worden. Vertrauen ist gut – Keimkontrollen in jedem Fall aber besser.

Mixturen

Manchen Züchtern wird nachgesagt, sie kaufen die teuersten Tauben und sparen dann am Futtergeld. Gemeint sind hier wohl der hohe Preis und die Qualität der Mischungen, aber auch Skepsis gegenüber den Zusammenstellungen, wobei das eine mit dem anderen kaum etwas zu hat. Vielleicht gehören solche Unsicherheiten zum Resultat eines gesunden Vorbehaltes vor „modernen" Nahrungsangeboten, die in ihrer Eigenschaft als geballte Gesundheitsgaranten jedes bis dato empfundene Manko auszugleichen imstande sein sollen.

Viele Taubenzüchter möchten zurück und daher ist es nicht verwunderlich, dass der eine oder andere sozusagen sein „eigenes Süppchen kocht" und ihm dadurch im Idealfall jahrein, jahraus absolut gesunde Tiere beschert werden.

Mixturen aus diesen Bestandteilen gefertigt sind appetitanregend und reich an substanziellen Aufbaumitteln; sie werden dem Körnerfutter beigemischt.

Das ganze Jahr hindurch zweimal wöchentlich werden – je nach Bedarf – auf ein Kilogramm Mischfutter bezogen in einem Haushaltsmixer die Zutaten, wie zwei bis drei fünf Minuten lang gekochte Eier, ein Apfel, eine Paprikaschote, zwei Zwiebeln und eine Tomate samt einer kleinen Prise Jodsalz, zu einem Brei vermischt. Die Paprika kann entfallen, anstelle der Zwiebel können mehrere Knoblauchzehen, statt des Apfels eine Birne und statt der Tomate ein Stück Gurke verwendet werden. Wirksamer Ersatz sind auch zum Beispiel Sellerie, Rote Bete und

DER ROTE-RÜBEN-MIX

Hier ein Beispiel für eine gesunde Mixtur:
5 Rote Rüben (Rote Bete)
5 Zwiebeln
1 Selleriekopf
1 bis 2 Knoblauchknollen

Die Zutaten werden im Haushaltmixer zu Brei zerkleinert und schließlich mit Obstessig verrührt, sodass es flüssig ist. Der abgefüllte Sud in Gläsern ergibt etwa 3,5 Liter Flüssigmasse. Davon zweimal in der Woche 4 Esslöffel Brühe mit 2,5 kg Körnerfutter abends vermischen und am nächsten Tag den Tauben anbieten. Schon beim ersten Mal werden die Tiere dieses angereicherte Gemisch gern annehmen. Im Keller kühl gelagert bleibt dieser Extrakt bis zum endgültigen Verbrauch frisch wie am Herstellungstag. Während der Ausstellungsvorbereitungen ist bei weißen Tauben allerdings Vorsicht geboten: Falls sie damit in Berührung kommen, könnte es zu Verfärbungen des Brustgefieders führen.

Mohrrüben. Diese Mixtur ermöglicht die vereinfachte Zufuhr von Vitaminen aus reinen Rohprodukten.

Der so entstandene Fruchtbrei wird am besten vormittags in einem Behälter mit dem Körnerfutter gemischt und, nachdem der ganze Saft von der Trockenfuttermenge aufgesogen ist, den Tauben am nächsten Tag vorgesetzt. Sind die Tiere nach einigen Tagen daran gewöhnt, nehmen sie es gleich hungrig mit Begeisterung auf.

Wohlwissend, dass den Tauben reines Körnerfutter nicht genügt, um fit zu sein und es auch zu bleiben, ist es Brauch, insbesondere seitdem die Volierenhaltung zur Norm geworden ist, die Tiere mit vielversprechenden Edelmixturen aus dem Erfahrungsschatz der Kräuter- oder Hausgärtner zu versorgen, um ihnen etwas Gutes zu tun. Es ist zur Tradition geworden, mit abwechslungsreichen Beigaben von Zusammengebrautem und -gemischtem den Trog zu füllen, auch wenn es etwas aufwendig ist. Aber siehe da, bei Einsatz zeitigt es kleine Wunder. Das Wohlbefinden der Tauben kommt offensichtlich zur Geltung. Am Kot, dem Spiegel des Gedärms, wird die Wirkung sichtbar.

So hat jeder seine Mittelchen, bei der Versorgung der Tauben überzeugende Ergebnisse zu zeitigen, mit dem Resultat, gesunde, nicht anfällige Tauben das ganze Jahr hindurch im Schlag zu haben.

Knoblauch – der Gesundheit wegen

Aus der Geflügel- und speziell aus der Taubenhaltung ist die Versorgung mit Knoblauch nicht wegzudenken. Klein gehackt, gepresst, geteilt oder als ganze Zehen kommt er sowohl im Futter als auch über das Trinkwasser gereicht zur Anwendung und wird so in sehr vielfältiger Weise den Tieren vorgesetzt.

Schnittlauch (vorne) und Knoblauch (dahinter) enthalten nach züchterischem Ermessen für die Taubenhaltung einzigartige Wirkstoffe.

Seine Heilwirkung ist unbestritten und nachgewiesen, sonst würden geruchsempfindliche Menschen vermutlich darauf verzichten. In Regionen, wo Knoblauch seit jeher zum alltäglichen Verzehr gehört, sind moderne Zivilisationskrankheiten unbekannt und die Lebenserwartung ist dort sehr hoch.

Unter diesen Zielsetzungen sind die Tierwirte bemüht, ihn im Hinblick auf dauerhafte Gesunderhaltung bereits während der Jungtierernährung unter das Futter zu mischen und dem Trinkwasser beizugeben. Hierdurch werden die Tiere weniger krankheitsanfällig und haben auch einen gewissen Schutz vor den gesundheitsschädigenden freien Radikalen. Dank seiner Reichhaltigkeit an den Vitaminen A, C, E und K und anderen Inhaltsstoffen mobilisiert und stabilisiert Knoblauch die Abwehrkräfte. Knoblauch ist am wirkungsvollsten im Rohzustand und außerdem leicht verdaulich. Stückweise im Trinkwasser angeboten, erreicht er substanziell den Taubenorganismus zur Weiterverarbeitung. Darüber hinaus minimiert er im Trinkwasserbehälter die Mikroflora und -fauna. Auch Stückchen von Speisezwiebeln sorgen für eine gute Wasserqualität und halten das Trinkwasser weitgehend bakterienfrei.

In dem von Kälte beherrschten Sibirien haben sich die Stadttauben im Geäst einer Eberesche auf den Verzehr von Vogelbeeren spezialisiert.

Leckerbissen Vogelbeere

Ohne Beweismittel Foto hätte man wohl niemandem glaubhaft machen können, dass Tauben zur Nahrungsaufnahme den Erdboden verlassen. Es ist aus Sicht des Taubenzüchters ungewöhnlich, dass domestizierte (Haus-)Tauben in Busch- und Baumkulturen auf Nahrungssuche gehen, halten sich die Nachkommen der Felsentauben doch höchst selten im Geäst von Bäumen auf – es sei denn, in ihrem Aktionsradius befindet sich eine Nahrungsquelle mit regelmäßiger Tischleindeckdich-Garantie. Es ist zwar zu beobachten, wie sie sich ebenerdig an Pflanzen zu schaffen machen oder auch vom Boden aus hochspringen und so versuchen, an das Zielobjekt zu gelangen. Aber dass sie in einem Ebereschenstrauch verweilen und dessen Beeren verzehren, versetzt unsereins doch in Erstaunen!

So geschah es in der Nähe des Baikalsees, im ostsibirischen Irkutsk, wo in der innerstädtischen Flaniermeile vor einem Imbissstand nach Essbarem suchende Stadttauben das Interesse des Fotografen auf sich lenkten. Plötzlich flogen sie nur wenige Meter weit in einen mannshohen Ebereschenstrauch, um dort genüsslich dessen Früchte abzuzupfen. Der Beobachter war nicht nur überrascht, sondern sogar entzückt!

Dass die Stadttauben die vom Volksmund als Vogelbeeren bezeichneten Früchte geradezu mit Begierde verspeisen, ist ein Beweis für die Beliebtheit dieser Früchte auch bei diesen Vögeln. Tauben sind ja bekanntermaßen „Allesverzehrer" und sie wissen, an solchen Nahrungsangeboten festzuhalten – ganz besonders in unwirtlichen Regionen, wo sich der natürliche Nahrungsreichtum im Jahresrhythmus nur auf drei, vier Monate beschränkt, musste sich Kosmopolit Taube den regionalen Ernährungsgegebenheiten umso mehr anpassen, um zu überleben.

Die Eberesche, eine eurosibirische Baumart – sie kann 120 Jahre alt werden – ist weit über Europa verbreitet; ihre erbsengroßen Früchte besitzen einen hohen Gehalt an Vitamin C. Die traditionelle Volksheilkunde weiß ihre Heilkraft bei Gicht und Rheuma seit ehedem zu schätzen. Der aus den Früchten und Blättern

Auch Volierentauben verschmähen Vogelbeeren nicht. Wenn sie die Früchte einmal probiert haben, werden diese gern aufgenommen.

hergestellte Tee wird bei Magenverstimmungen und Darmverstopfungen eingesetzt, wohingegen die Veterinärmedizin diese Pflanze bei der Bekämpfung des Schweinerotlaufes verwendet.

Dass sie bei Volierentauben sehr beliebt sind, soll deshalb kein Geheimnis bleiben. Vogelbeeren sind ab dem Spätsommer sowohl ein bekömmliches als auch nützliches Beifutter, das man ihnen – sofern leicht zu beschaffen – nicht vorenthalten sollte. Damit sie beschäftigt sind, wird es am Zweig vorgelegt. Der Pfleger wird erstaunt sein, wie sich seine Taubenschar um diesen Leckerbissen wirklich streitet.

Warum Tauben Erde verzehren

Wenn sich bei Tieren ernährungsbedingte Defizite bemerkbar machen, suchen sie zur Regelung ihres Bedarfshaushaltes nach Alternativen. Wo aber der Lebensraum in gewissem Maße eingeschränkt ist, wie bei den in Volieren gehaltenen Tauben, muss der Taubenpfleger darum bemüht sein, Mangelerscheinungen erst gar nicht aufkommen zu lassen.

Im Kropf von feldernden Tauben sind reichliche Mengen von Erde zu finden; nach dem Vorsetzen von Grassoden sind Volierentauben darauf erpicht und damit beschäftigt, den frischen Mutterboden bis auf die Grasbollenunterseite rückstandslos zu verarbeiten.

Im Freileben der Tauben ist Muttererde ein Bestandteil des täglichen Menüangebotes. Von Volierentauben wird sie aufgenommen wie begehrte Leckerbissen. Deshalb sollten sie darauf nicht verzichten müssen. Man hat viel darüber gemutmaßt, welche ernährungsphysiologischen Gründe den Erdeverzehr verursachen.

Krümeliger Humus mit Bakterien und vielerlei Kleinlebewesen durchsetzt begünstigt die Verdauung und reguliert sowohl die Darmflora als auch den Stoffwechsel. Der Muskelmagen hingegen benötigt feste Steinchen, die – wie schwere Steinkoller bei der Mehlherstellung das Getreide mahlen – im Miniaturformat die im Kropf vorverdauten Futterkörner zerkleinern.

Die Aufnahme von Erde – auch Lehm – müssen die Tauben durch Probieren nicht lernen. Auch wenn sie niemals damit konfrontiert worden sind, entscheiden sich Jungtauben beim Zusammentreffen angesichts der Erdbrocken aus gutem Grund spontan für den Verzehr. Die Erdkruste beinhaltet mengenmäßig erhebliche siliziumoxydhaltige Anteile in Form von Quarz und Bergkristall, was den Zuspruch der Tauben zu diesem Element durchaus erklärt.

In darauf abgestimmten Zuchten wird Humuserde mit kleindosierten Jodsalzgaben angereichert und regelmäßig wie Grünfutter angeboten. Jeweils frisch aus dem Garten und ohne Zwischenlagerung den Tauben vorgesetzt, wird sie bis an die Wurzeln der Grasnarbe reichend ziemlich rückstandslos verzehrt.

Salzhunger

Dass Tauben ein ziemlich großes Salzbedürfnis haben, ist hinreichend bekannt. In Mangelsituationen sind sie ständig auf der Suche nach dem Taubenstein. Darüber haben die Jäger seit mindestens zweihundert Jahren – wie die weidmännische Literatur zu berichten weiß – Kenntnis und ihr Jagdglück aufgebaut. Wollten sie nämlich besonders ertragreich Tauben jagen, legten sie mit salzhaltigen Ködern sogenannte Lockplätze an.

Die Neugier treibt die Taube an eine mobile Salzquelle. Verbliebene Streusalzreste verleiten erfahrene Tauben im Winter dazu, dort ihren Bedarf zu decken.

Wenn Tauben für längere Zeit auf Mineralien verzichten mussten, wird sichtbar, wie sie – bei gleichzeitiger

Futterbereitstellung – zielstrebig den Taubenstein angehen und geradezu gierig aufnehmen. Die Tauben benötigen das Natriumchlorid (Vollsalz). Ihr Bedarf steigt an, wenn sie Junge zu versorgen haben. Vorsicht jedoch bei übermäßigem Verzehr – er kann zu Tode führen. Beliebt ist bei ihnen jodiertes Salz; sie ziehen es vor allen anderen vor. Es wirkt appetitanregend und begünstigt – Jod als Bestandteil von Schilddrüsenhormonen – die Fruchtbarkeit, wohingegen bei Jodmangel es zu Fruchtbarkeitsstörungen bis hin zur Unfruchtbarkeit kommen kann.

Salz sollte für Tauben eigentlich ständig zugänglich sein; die Bereitstellung eines Salzlecksteins – wie er in der Großviehhaltung üblich ist und dauernd zur Verfügung steht – ist die einfachste Methode, um die Tauben dabei zu unterstützen, ihren Salzbedarf zu decken.

NATÜRLICHE WIRKSTOFFE: SCHWEDENKRÄUTER UND KORN

Nach einer traditionsreichen Rezeptur schwedischer Ärzte aus dem 17. Jahrhundert wurden die Jacobus-Schwedenkräuter-Produkte entwickelt und hielten, dank ihrer Bekömmlichkeit, zur fürsorglichen Anwendung sogar in erfolgreichen Taubenhaltungen einen wohlgemeinten Einzug. Von experimentierenden Züchtern regelmäßig angewandt wirken sie als pflanzliches stimulierendes Abführmittel und unterstützen den Organismus mit ihrer Reinigungswirkung.

Schon bei der sich bis heute bewährten Zusammenstellung der Jacobus-Schwedenkräuter-N legte in den 1950er-Jahren Apotheker Hermann Förster größten Wert auf die Qualität der dafür ausgewählten Heilkräuter. Apothekenpflichtig werden ihre Frische und langfristige Verwendbarkeit den Kunden mittels Aufdruck der Packungen garantiert.

Ein 40-Gramm-Beutel enthält neben dem Tinnevelly-Sennesfrüchte-Wirkstoff angemessene Bestandteile von Enzianwurzel, bitterem Fenchel, Galgantwurzelstock, braunem Kandiszucker, Bitterorangenschale und Zitwerwurzelstock.

Der Beutelinhalt wird mit einem halben Liter 32%igen Korn angesetzt, täglich kräftig geschüttelt und nach acht Tagen durch ein Teesieb abgegossen. Der somit gebrauchsfertige Sud enthält etwa 32 % Alkohol. Den Tauben regelmäßig einmal wöchentlich über das Futter gegossen, lässt es einen Kot erwarten, wie er den wünschenswerten Gesundheitszustand der Tauben nicht besser anzeigen könnte. Wie in der Humanmedizin als Prophylaxe eingesetzt, schwören die Anwender auf dieses Präparat als Heilmittel in Fällen, in denen sie rechtzeitig auf sich ankündigende Unzulänglichkeiten reagiert haben.

Taubengesundheit

Was liegt einem Tierliebhaber mehr am Herzen als die Gesundheit seiner Pfleglinge? Also wird er um sie besorgt sein und mit ihnen fürsorglich umgehen. Alles, was in seiner Macht steht, wird er aufwenden, um vor allem die Gesundheit seiner Schützlinge zu erhalten. Schließlich heißt es nicht ohne Grund „Vorbeugen ist besser als heilen“. Voraussetzungen dafür sind neben einer rassegerechten Unterbringung das Einhalten der Stallhygiene und eine optimale und ausgewogene Ernährung.

Sobald das Küken das Licht der Welt erblickt, muss für sein Wohlergehen gesorgt werden.

Ebenso wichtig ist es aber auch, die sozialen Bedürfnisse der Tiere zu berücksichtigen.

Sind viele Tauben unter zu engen Verhältnissen in einer Zuchtanlage untergebracht, können sie trotz größter Fürsorge kein gesundes Leben führen. Werden die Tiere unter solchen Bedingungen psychisch gestresst, sind für Seuchen Tür und Tor geöffnet und bei zu später Erkennung ohne tierärztliche Hilfe ein jämmerliches Siechtum nicht aufzuhalten.

Bei allen Bemühungen des Taubenhalters, durch Prävention seine Zuchttauben auf Dauer gesund zu halten, wird er nicht umhin kommen, gelegentlich doch Medikamente aus der tierärztlichen Apotheke anzuwenden. Uns Menschen geht es ähnlich: Bei gesündester Lebensweise sind Beschwerden nicht auszuschließen. Und dann kommt noch hinzu, dass der eine oder andere Zuchtstamm wie auch das eine oder andere Individuum von Natur aus besonders anfällig zu sein scheint.

Im täglichen Umgang mit den Tauben weiß der Routinier mit einem Blick, wie es im Einzelnen um seine Tiere steht. Anhand ihrer Bewegungen und ihrer Verhaltensweisen kann er die gesamte Taubengesellschaft beurteilen. Die Beschaffenheit des Kotes gibt Aufschluss über den Gesundheitszustand seiner Tiere. An ihrem Gefieder und dem Glanz der Augen lassen sich Beschwerden ablesen.

Vorbeugende Maßnahmen

Um die Tauben vor den häufigsten Infektionskrankheiten wie Salmonellose, Paramyxovirose und anderen zu schützen, sollten regelmäßig vorbeugende Impfungen erfolgen. Für Tiere, die ausgestellt werden sollen, ist es ohnehin Pflicht und notwendig, um auch alle anderen vor einer Ansteckung zu bewahren.

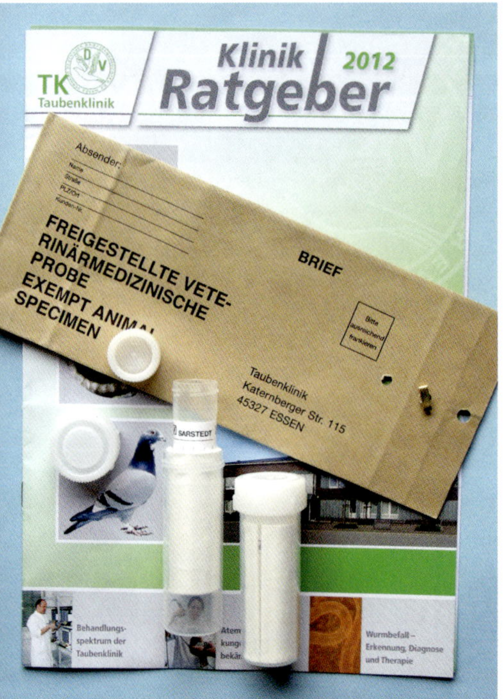

Analytische Laboruntersuchungen von Einzel- und Sammelkotproben liefern aufschlussreiche Erkenntnisse über den Gesundheitszustand der Tauben. Versandbehälter und Begleitformulare werden von tierärztlichen Klinikbetreibern bereitgestellt.

Bei Außerachtlassen eventuell kommerzieller Hintergedanken der Hersteller stehen uns heutzutage **vorbeugende Medikamente** zur Verfügung, deren zuverlässige Wirkung nicht von der Hand zu weisen ist. Es ist von Vorteil, einen versierten Tierarzt in seiner Nähe zu wissen. Nur er wird uns bei der Medikamentenbeschaffung helfen können, da in den meisten Fällen ein Rezept dafür erforderlich ist. Andernfalls kann man Taubenkliniken kontaktieren, die sich anbieten, erkrankte Tiere aufzunehmen, oder in ihren öffentlichen Praxen für ambulante Behandlungen aufgesucht werden können.

Zu Therapien mit teuren Arzneien muss es freilich nicht kommen, wenn man sich auf die eigenen, zur Tradition gewordenen Vorbeugemaßnahmen verlässt. Manchmal können es Ratschläge von erfahrenen Zuchtfreunden darüber sein, wie sie bei natürlicher Haltung ihre Zuchten gesundheitsstabil führen.

Auch staatlich verwaltete und privat betriebene **Laboratorien** bieten gegen Entgelt an, eingesandte Einzel- und Sammelkotproben zu untersuchen und zu analysieren. Genauso verfahren sie nach Einsendung von kranken oder bereits verendeten Tieren. Ihre Untersuchungsberichte enthalten Diagnose, Vorschlag zur Behandlung, Dosierung von Arzneien und ihre Anwendung sowie den komplexen Maßnahmen, die aus Sicherheitsgründen auf den gesamten Tierbestand auszurichten sind.

Allem voran gilt des Züchters Aufmerksamkeit der peinlichsten **Reinlichkeit** in seiner Zuchtanlage. Ein Kriterium ist das Schuhwerk. Denn Kot im Sohlenprofil transportiert gefährliche Krankheitserreger von einem Schlag in den nächsten. Zum anderen sollten prüfende Blicke auf die Bodeneinstreu in den einzelnen Abteilen, auf den Boden des Schlagvorraums und auf die Geräte wie Schaber, Spachteln, Besen und so weiter gerichtet werden.

Tränken, Tröge und Näpfe müssen grundsätzlich gesäubert und desinfiziert werden. Dass die Transportkisten und Dressurkäfige jeweils nach jeder Inanspruchnahme zu reinigen und ebenso zu desinfizieren sind, dürfte selbstverständlich sein. Damit sie nicht verstauben oder womöglich von Mäusen angenagt werden, sollte man sie in einer Plastikhülle einschlagen, damit sie geschützt sind.

Gesundheitsspiegel Taubenfeder

Die wohl erste, typische Handlung eines Rassetaubenzüchters ist es, der in der Hand gehaltenen Taube fächerartig einen Flügel auszubreiten. Erst dann richten sich die Blicke auf die übrigen Rassemerkmale. Denn dieser Teil des Gefieders gibt auf Anhieb klare Auskunft über den Zustand zum einen, über den Mauserverlauf zum anderen und über den eventuellen Befall mit lebendem Getier, das im Federwerk der Vögel absolut nichts zu suchen hat. An den Federn ist zu erkennen, ob mechanische Beeinträchtigungen die Ursache sind oder Stoffwechselschäden ihre Spuren hinterlassen haben.

Weil das Gefieder als Spiegel der Gesundheit zeigt, in welchem konditionellen Zustand sich das Tier befindet, beurteilen wir es nach seinem Äußeren. Der erste Eindruck ist auch hier der beste. Alle Federn – unterschieden nach Schwung-, Steuer-, Deck- und Flaumfedern – zeigen sich glänzend oder stumpf, straff oder lose, geschlossen im Fahnengefüge und sauber oder auch nicht, wenn es im Krankheitsfall, besonders im Bereich der Kloake, sichtbar verschmutzt ist.

Missgebildete Federn hingegen geben Aufschluss über Entwicklungsmängel während ihrer Nestlingszeit und später, wenn es Alttiere sind, über Mauserstö-

Federstrukturen und -zeichnungen am Beispiel eines Cauchois, blau-rosa-geschuppt.

rungen. Daher ist es besonders wichtig, während der Zuchtzeit die folgenden Bruten wachsam zu verfolgen.

Das gesamte kunterbunte Federkleid der Tauben ist ein wesentliches Erkennungsmerkmal. Vom Gewicht her „federleicht" nimmt das Federkleid der Vögel dennoch einen nicht geringen Teil des Gesamtgewichts ein. Wenn sich eine Taube aufplustert, kann der temperaturregulierende Körperschutz bis zu 90% des Gesamtkörpervolumens ausmachen.

Die Feder besteht zu 42,7% aus Wasser, zu 53,6% aus stickstoffhaltigen Substanzen, zu 1,7% aus Fett und zu 2% aus Mineralien. Die Federbekleidung dient der Wärmeregulierung und bietet Schutz gegenüber Witterungsunbilden.

Wissenschaftler wie Kuhn und Hesse haben vor einem halben Jahrhundert die Federn gezählt und ermittelten hierbei folgende Zahlen. Bei den Mövchen sind es 5832 und bei den Römern 5849, wobei die Brieftauben mit 5844 anzahlmäßig in der Mitte liegen. Weil diese komplizierte Federkonstruktion ständiger Beanspruchung unterlegen ist, regeneriert sie sich auf natürliche Weise nach einer vorangegangenen Jugendmauser bei den Zuchttauben alljährlich – je nach Wetterlage – im Spätsommer. Die Mauser ist ein wunderbarer und nützlicher Vorgang – hierzu später mehr (siehe Seite 196).

Ektoparasiten

Bei der Beurteilung vor allem der Schwung- und Steuer-, also der Schwanzfedern gilt unsere Aufmerksamkeit einem möglichen „Ungeziefer"-Befall. Das Auftreten von Ektoparasiten, die allerdings gut bekämpft werden können, hat dazu geführt, diesen Vorgang als Invasionskrankheit zu bezeichnen. Befallene Tauben leiden sehr stark darunter, weil sie dadurch konditionell geschwächt werden. Solche Schmarotzer können die bislang florierende Zucht erheblich stören, ja sogar bis zum völligen Erliegen bringen. Die brütenden Tauben sitzen gepeinigt und unruhig auf den Gelegen. In der Folgezeit sind durch ständigen Kontakt späterhin auch die Jungen davon betroffen.

Bei starkem Befall sind **Rote Vogelmilben** und **Taubenzecken** in der Lage, einen Taubenorganismus regelrecht blutleer zu saugen. Aufmerksame Taubenpfleger verlassen sich bei ihren täglichen Kontrollen deshalb auf ihre Beobachtungsgabe: Wenn der Kotabsatz auf dem nächtlichen Sitzplatz beiderseits ungleich angehäuft ist, gehen sie der Vermutung nach, dass die Taube während der Nachtruhe durch Parasitenqual massiv gestört worden ist. Auffälliges, spontanes Stochern einer Taube mit dem Schnabel im Gefieder lässt ebenso den dringenden Verdacht des Ungezieferbefalls vermuten, denn werden sie überfallartig gepeinigt, reagieren betroffene Tauben spontan mit Schnabelstochern im Gefieder. Das tun sie auch in eigentlich bedenklichen Situationen, wenn sie Gefahren ausgesetzt sind, wie zum Beispiel beim Feldern.

Das Einschleppen von federfressendem Getier ist kaum zu verhindern, wenn frei fliegende Tauben mit fremden Populationen in Kontakt kommen oder Ausstellungstauben tagelang neben einem davon befallenen Mitkonkurrenten stehen. Abgesehen von dieser Peinlichkeit – wenn sie bei der Bewertung entdeckt werden – ist der Preisrichter laut der Allgemeinen Ausstellungsbestimmungen des BDRG (Register 4 unter 4. „ohne Bewertung") verpflichtet, dieses Vorkommnis aufgrund des „starken Ungezieferbefalls" der Ausstellungsleitung mitzuteilen.

Dazu muss es aber nicht kommen. Im Fachhandel gibt es spezielle Vernichtungsmittel in Tropfenform oder als Spray. Werden sie auf glatten Boden- und Wandflächen im Taubenschlag regelmäßig verteilt, wird bei gründlichem Einsatz rückstandslos das Ausbreiten von Parasiten verhindert. Sind die Tauben von unliebsamen Peinigern befallen, wird diesen mit einem Schuss Apfelessig in das Badewasser der Garaus gemacht. Der Zubehörhandel bietet aber auch Badesalze zum Abtöten der Federfresser an. Eine geeignete Vorbeugemaßnahme wäre, wenn zur Vermeidung von Unterschlupfmöglichkeiten beim Bauen und Einrichten der Taubenunterkunft auf ein möglichst lückenloses Zusammenfügen der Bauelemente geachtet wird. Ein nachträgliches Schließen von Ritzen und Spalten ist bei anstehenden Renovierungsarbeiten deshalb eine Vorsichtsmaßnahme, die sich lohnt.

Die Bürzeldrüse – Schutzorgan und Vitaminquelle

Die Bürzeldrüse ist ein organisches Funktionselement, dessen Wichtigkeit – zumindest an seiner Bedeutung gemessen – eigentlich eher unbeachtet bleibt, statt von den Taubenhaltern mit gewisser Ernsthaftigkeit fokussiert zu werden. Obwohl eine Minderzahl von Rassen auch ohne Vorhandensein einer Bürzeldrüse auskommt, darf sie nicht unerwähnt bleiben.

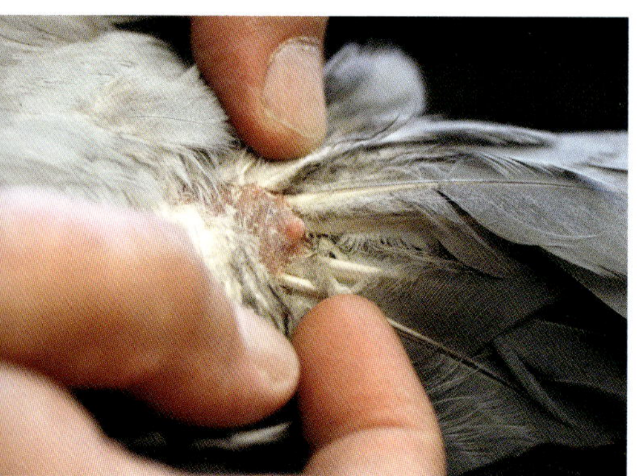

Die Funktion der zapfenartigen Bürzeldrüse darf nicht unterschätzt werden.

Dagegen ist die im Bereich des letzten Kreuzwirbels befindliche Bürzeldrüse von besonderer Effizienz. Von einem Federkranz umgeben ragt sie – für den Taubenschnabel erreichbar – mit einem Docht zapfenartig über der Körperoberfläche hervor.

An Wasser und Feuchtgebiete gebundene Vögel besitzen eine sehr produktive Bürzeldrüse. Mit dem aus diesem Organ bezogenen Sekret fetten sie ihr Gefieder ein. Wenn sie dann mit Wasser in Berührung kommen, perlt dieses vom schützenden Deckgefieder ab und sie durchnässen nicht, auch wenn sie tiefer eintauchen.

Bürzeldrüsenlose Vogelarten sichern das Federkleid gegen Nässe mit dem von den ständig wachsenden Puderdunen produzierten Federpuder, den wir gewöhnlich Federstaub nennen und der uns mitunter sehr lästig wird. Unter den Taubenrassen finden sich beide wasserabstoßenden Varianten mehr oder weniger ausgeprägt. Das ist besonders beim Verlassen des Wannenbades zu erkennen.

Tauben mit viel Puder hinterlassen auf der verbliebenen Wasseroberfläche eine dicke weiße Schicht; wenn diese nicht regelmäßig entfernt wird, sind in ihren Stallungen dicke Staubschichten festzustellen.

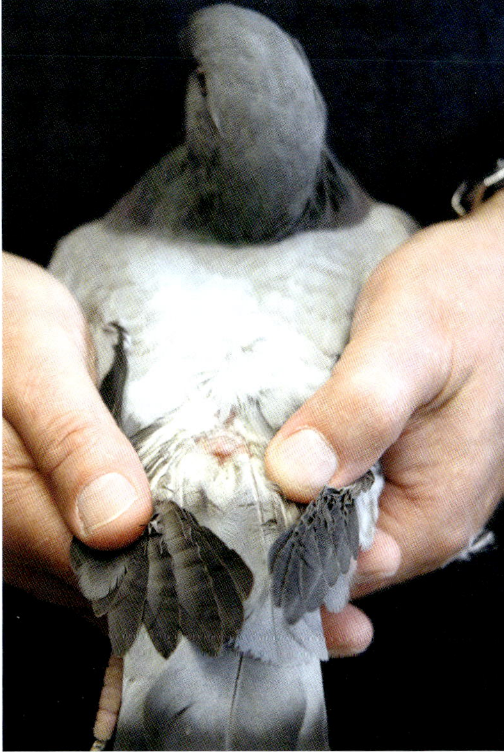

Die Bürzeldrüse befindet sich im Bereich des letzten Kreuzwirbels.

Dass Tauben selbst nach Dauerflügen im Regen, wie bei Brieftauben und anderen Flugdisziplinen üblich, nicht völlig durchnässt sind, ist ihrer Selbstpflege zuzuschreiben. Wie wir wissen, verbringen sie einen nicht unerheblichen Teil ihrer Tagesaktivitäten mit dem Gefiederordnen und der Pflege ihres Federkleids. Dabei beweisen sie großartige Gelenkigkeit. Jede Feder – mit Ausnahmen im Kopfbereich – wird mit dem Schnabel bearbeitet. Es wird zwischen den Federn gestochert, die Federfahnen werden durch den Schnabel gezogen. So wird das Bürzelsekret überall dort verteilt, wo der Schnabel eben hinreicht. Sowohl damit als auch mit dem von den Tauben selbst erzeugten Puderstaub wird das Gefieder gegen eindringende Feuchtigkeit und gegen Abrieb der einzelnen Federn geschützt sowie elastisch und gleitfähig gehalten.

Wie viel Gleitmasse ihnen davon zur Verfügung steht, kommt auf die Kondition der Taube an. Nur gesunde Tiere können sich auf diese Weise zum Selbstschutz ausreichend versorgen. Deshalb tragen kränkelnde Tiere ein mattes, glanzloses Gefieder. So stimmt es durchaus, dass eine leistungsfähige, gesunde

FEDERPUDER IST WICHTIG

Für Flugtauben ist der Federpuder von absolut enorm wichtiger Bedeutung, um das Federwerk in seiner Struktur geschmeidig zu halten. Damit sich dieses höchstleistungsfördernde Gleitmittel wieder rasch bilden kann, werden ihre Züchter entsprechend der terminierten Wettbewerbe die Badezeiten danach einrichten. Die nach dem Baden fast schleimig gewordene weiße Puderschicht auf der Badewasseroberfläche ist ein gutes Zeichen für die von den Puderdunen produzierte Wasserschutz- und Gleitmasse.

Taube im Fett der Bürzeldrüse und im Puder des Gefieders glitzert. Bei lackfarbigen Tauben kommt noch die Wirkung der sich an den seitlichen Flanken befindenden Schmalzkiele hinzu. Bei Auswahl der Zuchttiere achten die Experten auf eine üppige Anzahl der schmalzgelben Substanzträger. Wo sie nicht vorhanden sind, werden sie als grober Fehler geahndet.

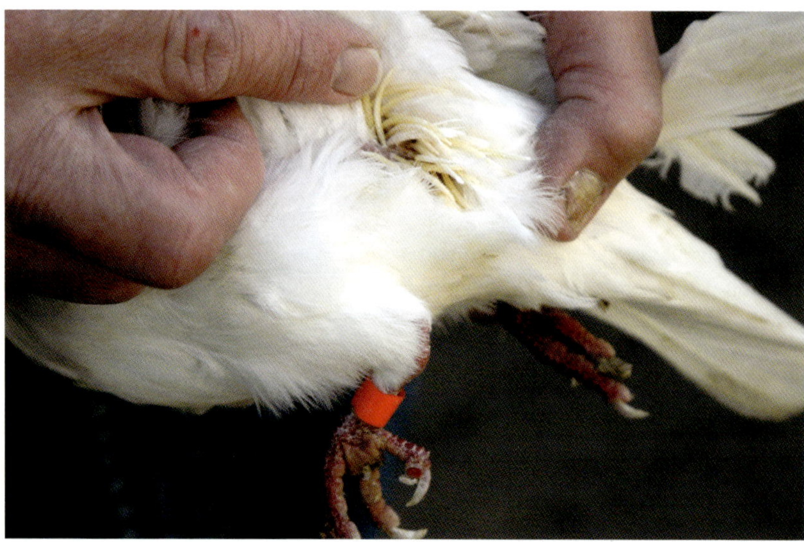

Bei einigen Farbentauben sind Schmalzkiele eine Besonderheit der Federbildung.

Genau genommen stellt die Bürzeldrüse für Tauben sogar eine ernstzunehmende Vitaminquelle dar. Werden sie ohne diesen Fettspender geboren – das kommt gelegentlich vor –, muss man sich nicht wundern, dass sie infolge Vitaminmangels von der Knochenweiche betroffen kaum auf die Beine kommen. In

Verbindung mit dem UV-Gehalt des Lichtes – ob von der Sonne oder von speziellen Lichtquellen – produzieren Bürzeldrüsen durch Umwandlung des Egosterins das für den Knochenbau so wichtige Vitamin D.

Wie sich Jungtauben auf dem Weg in das Leben entwickeln und später, älter geworden, auch ihr Wohlsein, hängt zweifellos vom Leistungsgrad der Bürzeldrüse im Zusammenwirken mit dem Sonnenlicht ab. Es ist also kein Nachteil, Tauben nicht nur studienhalber auf Vorhandensein der Bürzeldrüse zu untersuchen, sondern auch deren Qualität zu beurteilen.

Allerdings ist hierbei zwischen Rassen mit und ohne Bürzeldrüse zu unterscheiden. Welche davon betroffen sind, ist in den standardisierten Musterbeschreibungen enthalten. Wo sie fehlt, bedarf es einer hochkonzentrierten Vitamin-D-haltigen Fütterung. Ein weiterer Ausgleich könnte im Stall ein Sonnenlichtersatz durch eine UV-Beleuchtung sein (siehe Seite 87).

TAUBEN MÜSSEN HECHELN

Außer den kaum in Erscheinung tretenden Ohrenschmalzdrüsen im Gehörgang besitzen Tauben weder Schweiß- noch Talgdrüsen. Um sich vor Überhitzung zu schützen, müssen sie deshalb hundeähnlich hecheln.

Das Baden als Gesellschaftsereignis

Das Sonnen-, Regen- und Wasserbaden unserer Tauben wird ethologisch als ein Komfort-, aber auch Behaglichkeitsverhalten bezeichnet. Immerhin ist dieses Verlangen nach Sonnenbestrahlung und Umflutung durch Wasser eine arttypische Besonderheit, die sich für den Züchter gleichzeitig als Gradmesser bei der Einschätzung des Gesundheitszustands seiner Pfleglinge darstellt. Kranke und von Unpässlichkeit gepeinigte Tauben suchen offensichtlich zwar die Sonne und genießen die wohltuenden Wärmestrahlen, meiden aber das Nass eines Bades. Solche Tiere beteiligen sich im sozialen Gefüge nicht am stimmungsübertragenen Mitmachen. Denn das Baden wird durchaus zu einem Gesellschaftsereignis.

Die Ethologie definiert das Komfortverhalten als eine Verhaltensweise, die der Instandsetzung des eigenen Körpers dient, insbesondere der Körperoberfläche. Dazu gehören das Sich-Putzen und das Sich-Schütteln zum Gefiederordnen, ebenso wie bei Inanspruchnahme von Umweltelementen das Wasser- und Sonnenbaden dem Pflegeverhalten zugeschrieben werden.

Die Ausübung der Komforthandlung ist grundlegend an spezifische Auslöser gebunden wie die Bereitstellung eines mit Wasser gefüllten Badegefäßes. Weder

Das Baden in einer Wanne bereitet den Tauben sowohl im Sommer …

… als auch im Winter ein großes Vergnügen.

bei Volieren- noch Freiflughaltung bleibt den Tauben ein Vorgang in ihrer Gesellschaft verborgen. Und tatsächlich reagieren die einzelnen Tiere der Taubengemeinschaft auf alle optischen und akustischen Reize, die wiederum die Auslöser und die Ursache von Reflexhandlungen sind.

Das Wannenbad tut gut

Rassetauben genießen durchweg mit großer Hingabe das Wasserbaden, vornehmlich das in der Wanne. Regenbaden ist dann begehrt, wenn sie recht lange auf Wannenbadefreuden verzichten mussten oder die klimatischen Verhältnisse, wie anhaltende Trockenheit, dazu auffordern. Allerdings geben sie sich nicht jedem Regenschauer hin, auch nicht im Sommer.

Das Bad in der Wanne, mindestens einmal, üblicherweise aber zwei- oder dreimal in der Woche zu jeder Jahreszeit angeboten, wird für die Tauben jedes Mal zur Wonne. Geradezu ungestüm befliegen sie den Wasserbehälter in Erwartung einer Befüllung.

Jungtiere, die zum ersten Mal mit dem Baden in Berührung kommen, zeigen, dass dieses Verhalten angeboren ist. Sie zeigen ein Trockenbaden vor oder in der noch leeren Wanne durch Auflockern des Gefieders, Körperschütteln und eindeutiges „Schein"-Wohlbefinden, als würden sie bereits mit dem Wasser Kontakt haben. Dieses Verhalten üben die Jungtiere auch gelegentlich bei unterstützender Brutzellenfütterung neben dem Trinkbecher aus.

Zutrauliche Tauben verharren in der Wanne, wenn das Badewasser zugeschüttet wird. Beim Anfliegen sitzen sie zunächst auf dem Behälterrand, verweilen dort wohl in Vorfreude einige Zeit mit geöffnetem Federkleid, stippen dann mehrmals mit dem Schnabel in die Oberfläche, bis sie schließlich in das Becken springen. Junge Tauben saugen auf dem Rand stehend mit tief gesenktem Hals und weit eingetauchtem Schnabel manchmal gierig das Wasser auf, als wären sie dem Verdursten nahe – ein deutliches Anzeichen dafür, dass sie im Schlag offensichtlich die Tränke noch nicht gefunden haben.

Solche Vorkommnisse – wie das Trinkbedürfnis zu stillen – sind ein triftiger Grund, dem Badewasser außer einem Schuss Essig keine chemischen Zusätze gegen Federlinge oder andere Außenparasiten zuzusetzen. Obwohl solche handelsüblichen Zusätze nach den Angaben unschädlich sein sollen, ist es besser darauf zu verzichten.

Mit dem Einsitzen bei aufgerichtetem Körper nach vorangegangenem Eintauchen mit Kopf und den Flügeln und dem Drehschütteln des Körpers wird das Bad in der Menge zur friedfertigen Sympathiekundgebung. Der Distanztyp Taube wehrt sich hier kaum in der Enge gegen den Nachbarn. Oft wird die Frage nach der Wassertiefe gestellt. Je nach Randhöhe der Wanne dürfen es schon 7 bis 10 cm sein.

Es folgt ein Kommen und Wegfliegen. Das Badevergnügen, eingeleitet mit Hüpfübungen und Flügelschlägen, um sich der Nässe zu entledigen, endet mit dem Abflug direkt aus der Wasserfläche oder mit einem Zwischenhalt auf dem Wannenrand üblicherweise auf dem Boden, vielleicht auch auf einer höher gelegenen Stelle.

Mit durchnässtem Gefieder beginnt das Ordnen von Flügel- und Steuerfedern. Einher geht das Kratzen der Kopf- und Schnabelregion abwechselnd mit den Zehennägeln beider Füße. Tauben sind Vögel, die „vorneherum“ putzen im Gegensatz zu Arten, die es „hintenherum“, also zwischen den Schwungfedern hindurch, tun wie beispielsweise die Schwalben. Die Stelle, wo das fehlende spitze Horn des Schnabels nicht hinreicht, ist die Kopfrundung bzw. die Stirn.

Ordnen des Gefieders und Entfernen einzelner Federn ist ein Komfortverhalten, das im Taubenalltag regelmäßig zum kollektiven Ritual wird.

Tauben wenden etwa 15 % ihrer Tagesaktivitäten für die Gefiederpflege auf; gehört dazu ein Wasserbad, erhöht sich dieser Anteil erheblich aufgrund der sich anschließenden Wohlfühlpflege. Nebeneinander liegend – entweder mit geschlossenen Flügeln und gefächertem Schwanzgefieder oder mit einem ausgebreiteten Flügelschild als Fächer zur Sonne weisend – verbringen sie einige Stunden in wohlbefindender Stimmung.

Das regelmäßige Bad der Tauben fördert deren Wohlbefinden. Das erkennt man an ihrem gepflegten Äußeren, selbst wenn der Federglanz hauptsächlich von innen kommt.

Das Baden – ob trocken oder nass – ist für Vögel überlebenswichtig. Sie leiden darunter, wenn sie längere Zeit darauf verzichten mussten. Immerhin braucht eine so hoch entwickelte Konstruktion wie die Feder viel mehr Pflege als das Haar bzw. das Fell der Säugetiere.

Vitalität hat Priorität

Tiere halten, betreuen und pflegen verlangt Verständnis. Sie zu züchten Wissen, Vernunft und Verantwortung. Mit Tauben umzugehen ist – wie die Tierhaltung generell – demnach eine Wissenschaft für sich, wie es heißt, eine intelligente, von Stress ablenkende Freizeitbeschäftigung mit hohem Anspruchspotenzial obendrein.

Freilich ist es ein Unterschied, ob wir traditionell zur Gewohnheit geworden Tiere hegen und pflegen oder um ihren Bestand zu sichern und sie vor dem Aussterben zu bewahren – oder zu züchten, wie wir es tun. Einerseits vermehren wir die Tiere in ihrer ursprünglichen Schöpfungsgestalt und andererseits züchten wir sie mit dem Vorhaben, mitunter auf Mutationen aufbauend, auf natürliche Weise doch zu verändern.

Sich durch Vitalität auszeichnende Tauben sind fruchtbar, als Elterntiere festsitzende Brüter, zuverlässig in der Aufzucht und bis zum Ausfliegen fürsorglich die Jungtiere begleitende Zukunftsgaranten.

Bei entsprechender Betreuung gedeihen Wildtiere in Menschenhand generationenlang. Ohne Einschränkung ihrer Vitalität pflanzen sie sich fort, wie auch reine Kulturfolger an ihre Umwelt angepasst in den Ballungszentren und sonstigen menschlichen Ansiedelungen leben. Selektiert von Umwelteinflüssen überleben die mit Widerstandskraft ausgestatteten Individuen im Kampf ums Dasein entsprechend ihrer konditionellen Verfassung. Im Fortschreiten der Evolution auf den Erhalt ihrer Art ausgerichtet trotzen sie mit Abwehrbereitschaft allen den auf sie einwirkende Unbilden.

Bei domestizierten Tieren aber sind die Lebensweichen anders gestellt. Die züchtbare Veränderlichkeit bewog die Menschen, mit Blick auf Vielfalt und Schönheit die Nutztiere auch unter ästhetischen Gesichtspunkten für sich gewinnend in Anspruch zu nehmen. Zu diesem Personenkreis gehören ausnahmslos wir Züchter, die nach Idealer Erscheinung strebend sogenannte Zuchtziele zu erreichen versuchen – zur „Verbesserung" der Rasse, wie es inhaltlich im Slogan der Züchterschaft heißt.

Was die Natur in eigenem Sinne regelt, lenkt der Mensch durch Zucht mit fürsorglichem Zwang auf seine Art durch traditionelle, von wissenschaftlichen Erkenntnissen geleitete Zuchtmethoden. Eigentlich sind es Strategien, weil er theoretisch die Grenzen des Machbaren kennt und in der Praxis durch Vermeiden von Risiken schwächenden Entwicklungen entgegnet. Mit seiner Aufmerksamkeit bleibt ihm auf dem Weg zum Ideal das selektive Aussondern vorbehalten. Durch diesen unverzichtbaren Eingriff in das Zuchtgeschehen wird die absolute Stamm-Basis auf ständig regenerativer Ebene gehalten. Und die heißt Vitalität.

In der Tierzucht wird immer wieder propagiert und ist unumgänglich, züchterische Verfahrensweisen am Erhalt der Vitalität zu orientieren nach dem vom Bund Deutscher Rassegeflügelzüchter vorgegebenen Traditionsmotto: Leistung durch Schönheit.

Aber wie äußert sie sich spezifisch bei Rassetauben? Wenn Züchter von vitalen Tauben reden, kann das augenscheinlich eine Fehleinschätzung sein; vielleicht sind sie mobil, lebhaft oder quirlig. Das wäre die treffendere Bezeichnung.

Besetzte Nistzellen mit brütenden und hudernden Taubenpaaren während der Brutsaison sind der augenscheinliche Beweis für eine gesunde Basis des Zuchtstammes.

Ein Brockhaus für Biologie definiert: *„Vitalität = Lebensfähigkeit; die erblich bedingte und durch Umweltverhältnisse beeinflussbare Lebensfähigkeit der Organismen. Sie äußert sich in Anpassungsfähigkeit der Lebewesen an ihre Umwelt, in Widerstandskraft, Fruchtbarkeit, Leistungsfähigkeit und Langlebigkeit.“*

Diese Umschreibung präzisiert Vitalität im Einzelnen, was wir mit strotzender Gesundheit bezeichnen. Im Grunde meinen wir dasselbe. Die Umweltbedingungen stehen hier an vorderster Stelle. Der Züchter hat es also in der Hand, die Vitalität zu begünstigen. Seine Zuwendung hat sich demzufolge in der optimalen, artgerechten bzw. rassegerechten Haltung (Unterbringung und Versorgung) auf der praktischen Seite niederzuschlagen, während man sich in der Theorie an genetisch gelenkten Gesetzmäßigkeiten orientiert.

Die Theorie, mittels Ersatzeltern im Wachstum zurückbleibende Jungtiere aufziehen zu lassen, gelingt in der Praxis nur dann, wenn die jüngsten Erdenbürger vital genug sind. Die fürsorglichsten Zieheltern sind nicht imstande, durch ständiges Hudern und ausreichendes Füttern aus Kümmerlingen Artgenossen mit Widerstandskraft, Fruchtbarkeit, Leistungsfähigkeit und Langlebigkeit werden zu lassen. Grundvoraussetzung ist das fundamentale sowohl bei den Eltern als auch ihren Nachkommen verankerte, uneingeschränkt von Generation zu Generation weitergegebene Erbgut, der Genpool.

Brutunlust, nachlassende Jungtierfürsorge und Krankheitsanfälligkeit sind das eindeutige Resultat von fehlender Vitalität. Im Klartext heißt das also: Jedes schwerpunktmäßige Fördern von Rassemerkmalen führt bei nachlassender Obacht zu negativem Einfluss auf die Vitalität – eine Erfahrung, die den Tierzüchtern zu denken gibt.

Bei jedem Wagnis des Züchtens kann sich die Vitalität der Tiere nur mit der Vernunft ihrer Befürworter im gesunden Gleichgewicht halten, egal, welche Zuchtziele erreicht werden sollen. Jede Anforderung kann eben nur mit Gegensteuern ausgeglichen werden. Wo Tauben auf Sonne verzichten müssen, hat der Züchter zum Vorbeugen von Mangelerscheinungen einen Ersatz zu finden. Wenn anatomische Merkmale das Brutverhalten der Tauben einschränken, müssen technische Vorbereitungen getroffen werden, damit die Brut erfolgreich ist. Waren Ausstellungskandidaten in der vorangegangenen Zuchtsaison über Gebühr gefordert und kamen bei mehreren Schauen zum Einsatz, bewiesen sie Leistungsfähigkeit, jedoch zulasten der Widerstandskraft.

So reagiert die Natur auf jede Beanspruchung mit Vitalitätseinschränkungen. Diese Erkenntnis sollte man immer in Gedanken behalten, um so positiv zur Vitalitätserhaltung beizutragen.

Tauben biologisch gesehen

Um Tauben artgerecht zu halten und erfolgreich zu züchten, sollte man auch über ihre Sinnesleistungen, ihr Verhalten und biologische Besonderheiten Bescheid wissen. Denn wer so seine Tiere richtig verstehen und deuten kann, wird diese Kenntnisse auch bei der Zucht einbringen können und dadurch die besten Ergebnisse erzielen.

Taubenzüchter sollten ihre Tiere richtig verstehen und deuten können. Rassen wie diese Lahore mit der eleganten Mantelzeichnung bestechen durch ihr souveränes Verhalten.

Die Sinne der Tauben

Es liegt im Gedankengut der Menschen, ihre eigenen Empfindungen auf die der Tiere zu projizieren. Demnach nehmen sie an – um bei den Tauben zu bleiben –, diese Vögel sehen, hören, riechen, schmecken und tasten in ähnlicher Weise, wie wir diese Sinnesleistungen wahrnehmen, natürlich mit gewissen Unterschieden. So steht zum Beispiel Tasten im Tierreich anstelle von Fühlen, wie wir es artikulieren.

Im Leben muss man mit allen möglichen Umwelteinflüssen zurechtkommen, um sie zu überstehen. Das sind häufig Ereignisse, die mit der arterhaltenden Fortpflanzung konkurrieren. Ausgestattet mit Sinneswerkzeugen in diese Welt der Gegensätze hineingeboren, beweisen gerade die Felsentauben, wie man im

Kampf ums Überleben Erfolg hat. Ihre Überlegenheit ist das Resultat sinnesorganischer Wahrnehmungen und dem überlebensstrategischen Auswerten positiv erscheinender Konfliktsituationen.

Naturbeobachter überrascht das nicht. Das **Sehvermögen** der Vögel ist erstaunlich. Verglichen mit dem des Menschen übertrifft es dieses bei Weitem, und zwar vor allem im UV-Bereich, in dem – vom menschlichen Auge nicht zu registrieren – die Farbintensität eine viel höhere Strahlkraft bewirkt. Diese Veranlagung schlägt sich besonders beim Ausmachen der Federfarben und ihres Glanzes nieder. Menschen sind auch nicht imstande, Infrarotstrahlen zu erkennen.

Tauben haben einen hoch entwickelten Gesichtssinn und verfügen über ein sehr großes Sehfeld. Aufgrund der seitlichen Augenanordnung ist das **Gesichtsfeld** sehr weiträumig ausgelegt. Die radiale Reichweite des Sehwinkels jeweils vom Schnabelrand ausgehend beträgt bei Tauben etwa 160 Grad. Eine Taube sieht also teilweise, was hinter ihr geschieht. Das räumliche Sehen ist dreieckförmig auf den Bereich vor dem Schnabel beschränkt; deshalb beäugen Tauben mit Wenden bzw. Schaukeln des Kopfes Objekte, die sie in Augenschein nehmen möchten.

Tauben haben ein weitreichendes Gesichtsfeld von 160 Grad. So können sie einen Teil von dem, was hinter ihnen geschieht, wahrnehmen (nach Engelmann).

Das **Erkennen von Farben** und Unterscheiden von filigranen, nur um Nuancen voneinander abweichenden Figuren, zeichnet sie beim Lösen kognitiver Aufgabenstellungen sogar mit vorzüglichen, uns Menschen übertreffenden Gedächtnisleistungen aus. Tauben erkennen aus einem Meter Entfernung ein Weizeneinzelkorn, eine größere Ansammlung davon aus vier Metern. Beim größeren Maiskorn sind es drei, bei mehreren zusammenliegenden immerhin schon sechs Meter. Mit zunehmender Flughöhe vergrößert sich der Blickwinkel beträchtlich – in 2000 Meter Höhe übersehen sie etwa 160 Kilometer.

Das Augentier Taube hört – obschon ihr wie allen Vögeln das äußere Ohr, also die Ohrmuschel, fehlt – ähnlich gut wie Menschen. Sie können **Umweltgeräusche** unterscheiden und nach ihrer Bedeutung differenzieren. Sie wissen also, ob sie wachsam sein müssen oder ob die Geräusche vernachlässigt werden können. Auf Warnlaute von Artgenossen reagieren sie augenblicklich mit einer Antwort oder mit Auf- bzw. Wegfliegen. Auf Lockrufe und Animationspfiffe oder zur Gewohnheit gewordene, damit in Verbindung stehende Geräusche, wie das Klappern mit dem Futterbehälter beim Ankündigen der Fütterung, folgen sie reflexartig mit Aufmerksamkeit.

Tauben sind sehr neugierig. Akustisch vernehmbare Vorgänge werden mit Argwohn zur Kenntnis und optische Veränderungen vorsichtig in Augenschein genommen.

Zum **Riechvermögen** bei Tauben hat man erst in den vergangenen Jahren neue Erkenntnisse gewonnen. Eine bedeutende Rolle scheint es beim Heimkehrverhalten zu spielen. Untersuchungen ergaben, dass die Riechleistung der Tauben der der Menschen in nichts nachsteht. Der einst geübte Brauch, mit einigen Tropfen Anis im Trinkwasser vor allem neu erworbene Tauben an den Schlag zu gewöhnen, scheint also nicht unnütz zu sein.

Tauben reagieren überwiegend auf die **Geschmacksrichtungen** salzig, sauer und in besonderem Maße auf bitter. Von Menschen als abscheulich befunden, ist für Tauben bitter Schmeckendes wohl sehr schmackhaft, was beispielsweise die Vorliebe für den Verzehr des bitterstoffhaltigen Endiviensalates oder von Brunnenkresse erklärt. Umso mehr verweigern sie etwa eine Zuckerkonzentration von 30 %. Traubenzuckerlösungen sind demnach nur in minimal dosierten Mengen anzubieten. Warmes Trinkwasser bleibt unberührt.

Die Beliebtheit des Futters und seine Beurteilung durch die Taube beruhen zunächst auf rein optischer Einschätzung und ist mit dem angeborenen „Augenmaß der verzehrbaren Größe“ gekoppelt. Die Auswahl wird mit dem (Schnabel-) **Tastsinn** entschieden und nicht nach dem Eigengeschmack der Feldfrüchte. Hierbei können die Tauben, wenn sie feldern, aufgrund ihres Flugvermögens lokal an anderer Stelle nach in der Beliebtheitsskala höher stehender Nahrung suchen und großzügig auswählen.

Tauben können Farben und Formen sehr gut unterscheiden, was für die Nahrungswahl eine große Rolle spielt.

Tauben zählen zu den Vögeln, die weder mit den Füßen scharren noch damit Gegenstände festhalten. Dafür benutzen sie den **Schnabel** wie ein **Werkzeug** zum Abzupfen von Pflanzenteilen und Beeren und außerdem für den Transport von Nestbaumaterial. Weiterhin ist er ein Versorgungsorgan zur Überreichung der Nahrungsmittel an die Nachkommen. Als Angriffs- und Verteidigungsmittel kann der Schnabel bei Angreifern spürbar eingesetzt werden.

Die Körpersprache der Tauben

Ein faszinierendes, eigentlich buchfüllendes Thema ist das Verhalten der Tauben und ganz besonders ihre Körpersprache. Unterstützt von einer kleinen Auswahl an Momentaufnahmen, deren Ausdrucksformen uns in der Praxis alle Tage begegnen, wird der versierte Taubenzüchter in diesem Kapitel eigene Beobachtungen bestätigt finden, die er aus dem Umgang mit seinen eigenen Tauben kennt. Bei der Beurteilung besonders in Gesundheitsfragen und Betreuungsangelegenheiten wird er sich dank des Kenntnisstandes deshalb umso mehr auf seine Erfahrungen stützen und angesichts auftretender Verhaltensauffälligkeiten nachher regulierend in das aktuelle Zuchtgeschehen eingreifen können.

Sich mit mimischen Äußerungen verständlich machen, wie zum Beispiel Hunde und Katzen, können Tauben nicht. Sie teilen auch nicht mit Wehlau-

Recken der Flügel (a) sowie das beidseitige Strecken der Flügel und Beine (b, c) ist bei Volierentauben als Ausgleich für den Bewegungsmangel eine häufige Verhaltensweise.

ten ihren Stimmungszustand mit. Wohl aber übermitteln sie innerhalb ihres sozialen Gefüges den Artgenossen signalisierende Lock- und Schrecklaute. Genauer betrachtet „sprechen" Tauben durch Aufrichten oder Lockern des Federkleids, ähnlich wie das gesträubte Nackenfell eines Hundes emotionale Erregung erkennen lässt.

Auch wenn bei so manchem der Eindruck entsteht, sind Tauben keineswegs kommunikationsarm. Es sei denn, er kennt nur die hungrigen Tauben von Sammelplätzen und Straßen. Und auf die Frage, ob sich Tauben denn „freuen" können, wird er wahrscheinlich keine Antwort parat haben. Der mit seinen Tauben besser Vertraute wird jedoch eher bejahen, dass sie ein beglückendes Ereignis tatsächlich lebensfroh quittieren, nämlich wenn das Futter zum erwarteten Zeitpunkt gereicht wird. Dann flattern sie heftig auf und ab und beginnen – ist der Tisch gerichtet – erst danach mit der Nahrungsaufnahme.

Die Körpersprache der Tauben ist ein deutliches Indiz ihres gegenwärtig körperlichen Befindens. Vermittelt sie situationsbetont eine dominierende Überlegen- bzw. gedemütigte Unterlegenheit, kommt sie einem Zeugnis der Geborgenheit und Fortpflanzungsstimmung gleich. Beeinflusst von Umweltereignissen leben Tauben, je nachdem, ob sie im Freiflug oder in Volieren gehalten werden, ihre angeborenen Verhaltensweisen aus. Verglichen mit exotischen Wildtauben lassen sich sogar Ähnlichkeiten beobachten, die möglicherweise Rückschlüsse auf ihre phylogenetische, stammesgeschichtliche Entwicklung gestatten.

Tauben können ein unbeschwerliches Leben nur genießen, wenn die Voraussetzungen dafür gegeben sind. Ob im Freiflug oder in Volieren sind sie einigermaßen dort garantiert, wo nur minimale Umweltrisiken das Wohlfühlen beeinträchtigen und in großzügigen Raumverhältnissen das Ausleben ihrer art- und rassespezifischen Verhaltensweisen ungestört bleibt. Sie entfalten nur dann ihr vollkommenes Verhaltensrepertoire, wenn sie uneingeschränkt ihre sowohl physische als auch psychische Verfassung zum Ausdruck bringen können.

Deshalb wird ein Teil ihrer körperlichen Ausdrucksformen als sogenanntes Komfortverhalten bezeichnet. Von Ernährungssorgen befreit, steht ihnen ein ganzer, damit ausgefüllter Tag, solange er mit Licht erhellt ist, zur Verfügung. Das sind Vorzüge, wie sie nur Voliereninsassen zugutekommen. Zeigen sie dieses Verhalten nicht, fehlt es den Individuen an Platz und Fluchtmöglichkeiten – in engen Raumverhältnissen sind sie massivem Druck ausgesetzt.

Enge bringt Zwänge

Der erlebnisreiche Umgang mit Tieren – vornehmlich der mit den Tauben – lässt uns Pfleger doch immer wieder entzücken. Das pulsierende Leben in einem Taubenschlag wird jedes Mal immer wieder zu einem unwiederbringlichen Erlebnis und führt zu beglückenden Momenten. Weil es so umtriebig erscheint und als würde zu jeder Zeit ein spannender Film ablaufen, plagt uns Regisseure die Neugier ständig aufs Neue, uns mit ihnen zu beschäftigen.

Trotz Freiraum geht es auch um Besitzansprüche beim Respektieren der Reviergrenzen.

Für so manchen Taubenhalter wäre es wahrscheinlich von Vorteil, er hätte jedes Paar in einer anderen Färbung. Dann ließen sich für ihn die Beziehungen der Einzeltiere zueinander im Schlag deutlicher ausmachen.

Die obersten Brutzellen und Sitzgelegenheiten in einem Taubenschlag sind die begehrtesten Aufenthaltsorte. Aus dieser Position lässt sich in der sozialen Tiergemeinschaft die Einflussnahme mit Überblick der ganzen Herberge von dominierenden Täubern vorteilhafter ausspielen. In einer Taubengesellschaft, wo kein Vorgang, keine Regung unbemerkt bleibt, gibt es Überlegene und Unterlegene, sodass in allen Hoheitsgebieten Rivalität herrscht, die über erhabenes Sein und vegetierendes Nichtsein, über das Sich-Wohlfühlen im Leben einer Taube entscheiden. Nur ein Dach über dem Kopf und die gesicherte Versorgung genügen nicht, ein Taubenleben erträglich werden zu lassen. Dazu bedarf es einer ausgewogenen Umweltatmosphäre mit lebensbejahenden Bestandteilen komplexer Notwendigkeiten.

Konkurrenz am Futtertrog

Verhaltensauffälligkeiten wie Flügelschläge und Schnabelhiebe werden insbesondere bei der Fütterung im Standortbereich des Futtertroges sichtbar, wenn die einzelnen Tiere den Nahrungsbedarf decken wollen. Dort sind immerhin drei Handlungen gleichzeitig erforderlich, um den Hunger zu stillen: erstens einen günstigen Platz am Trog zu finden, zweitens das Futter aufzunehmen und drittens – zuweilen mit ausgebreiteten Flügeln schützend – den Standplatz zu erhalten mit der gleichzeitigen Sicherung, die Mitkonkurrenten vom noch vorhandenen, immer weniger werdenden Vorrat fernzuhalten.

Wäre die Futterraufe zu kurz, gäbe es unter den hungrigen Tauben ein heilloses Durcheinander. Befinden sich Tiere mit unterschiedlicher Schnabellänge darunter, muss sich der Züchter nicht wundern, wenn trotz einer vielseitigen Futtermischung die beabsichtigte optimale Versorgung bei so einer Fütterungsweise einseitig ausfällt. Es leuchtet ein, dass Mindestanforderungen für die angemessene Troglänge zu erfüllen sind.

Die Züchter werden erfahrungsgemäß und in Angleichung an ihr Berufsleben entscheiden, ob täglich mehrmals knapp gefüttert oder Standfutter gereicht wird. Egal, wie die Fütterungszeiten ausfallen, der Futterplatz wird ein Zentrum des Konkurrierens bleiben, ein Revier des Dominierens und Unterlegenseins, ein Bereich für Auseinandersetzungen. Und je nach Grundflächengröße des Taubenschlags behält sich ein männlicher, streitbarer Schlaginsasse die Beherrschung dieses Territoriums vor.

Wehe dem, wer es sich wagt, dieses strategische Hoheitsgebiet mit seinen unsichtbaren Grenzen zu verändern. Das wird besonders dann augenscheinlich, wenn die ersten Individuen satt sind und getrunken haben. Das sind ohnehin die Starken in der Population, die sich zuerst mit den großen Futterkörnern und dann mit den Leckerbissen den Kropf füllen. Zum Schluss bleibt nicht mehr viel übrig als ein kläglicher Rest, von dem die Nachzügler obendrein noch massiv beiseite gedrängt werden.

Dass nach der Bereitstellung des Futters Täuber am Trog ihre dort fressende Täubin mit Schnabelhieben drangsalieren, um sie zum Nest zu treiben, lässt sich nicht unterbinden. Das von den Täubern ausgehende Ritual des „Treibens" ist eine angeborene, auch bei den Urahnen und in Freiflug gehaltenen Tauben zu beobachtende Handlung. Hierbei handelt es sich nicht um futterneidisches Abdrängen, wie das von manchen Beobachtern missverstanden wird. Es ist offenkundig, dass die attackierte Täubin weder nach vorne noch zur Seite ausweichen kann und eben nur deshalb diese Belästigung vom Ehepartner über sich ergehen lassen muss. Es ist keine bedrohliche, sondern eine ritualisierte Handlungsweise.

Das Flugbrett als Spannungsfeld

Das Flugbrett des Ein- und Ausfluges könnte aus menschlicher Sicht als die Kommandozentrale einer Lebensgemeinschaft bezeichnet werden. Obschon Brutzelle und Nest als solche im Taubenleben den eigentlichen Lebensmittelpunkt darstellen, bleibt die Ein- und Auslassöffnung bei Freiflugbewegungen der Dreh- und Angelpunkt von drinnen nach draußen und umgekehrt.

Wenn friedfertig am frühen Morgen die Tauben dicht nebeneinander stehen, ergibt sich ein Bild der absoluten Eintracht. Mit zunehmender Munterkeit ändert sich das Stimmungsbild aber sehr rasch. Wenn unsere Tauben auch auf „Tuchfühlung" beieinander den sozialen Kontakt so harmonisch pflegen, so dulden sie, obwohl sie Distanztypen sind, während solcher stimmungslosen Phasen einen minimalen Abstand. Es kommt auf die augenblickliche Situation an. Wenn ein Anflug naht, sieht sich der auf dem Flugbrett dominierende Täuber angegriffen, in seiner Rangstel-

In überfüllten Taubenunterkünften: Wohin, wenn kaum ein freier Platz zu finden ist?

lung gefährdet und in seiner beherrschenden Reichweite eingeengt. Meist genügt sein drohendes Gebaren, den Eindringling abzuwehren, und schließlich beeilen sich die Artgenossen – ob männlich oder weiblich – schleunigst, dieses „Spannungsfeld“ zu überqueren.

Das ist ein Grund mehr, die Flugöffnungen breiter als schmal und nicht unnötig hoch zu gestalten. Sie sollten ausreichend weit sein, damit beim Begegnen mehrerer Tauben die artspezifische, zu respektierende Distanz dabei nicht unterschritten wird. Ansonsten wird in überbesetzten Schlägen und Volieren das Passieren für die Schlagbewohner dort zum Spießrutenlaufen.

Vorteilhaft sind unterteilte Flugöffnungen, wie sie in der Brieftaubenhaltung üblich sind. Optisch wird ein sicherer Durchgang angeboten, weil der sogenannte Schlagtyrann in diesem Fall nicht jede Einzelöffnung gleichzeitig kontrollieren kann. Aber auch bei solch einer Aufteilung wird man sich größenmäßig auf eine bescheidene Ausdehnung beschränken, damit nicht womöglich zwei Raufbolde ankommende und wegfliegende Tauben in Bedrängnis bringen.

Rassetauben sind in Charakter und Temperament individuell ganz unterschiedlich, aber es unterscheiden sich auch die einzelnen Taubenrassen voneinander: Manche neigen eher zum Disput als andere. Deshalb wird man bei ihrer Anschaffung auch darauf sein Augenmerk richten und selbstverständlich derartige Eigenschaften mit der Schlaggröße kompensieren.

Das bedeutet, eine vernünftige, limitierte Besetzung der Zuchtanlage ist anzustreben. Bei der Volierenhaltung muss der gesamte, für alle Insassen zugemutete Lebensraum mit der Anzahl der Tiere in Einklang gebracht werden. Das größte Übel in der Tierhaltung ist die Überbeanspruchung der Individuen durch Übervölkerung in der zu Seuchenausbruch führenden Enge.

Schnabelhiebe – Federnfliegen

Wir Taubenliebhaber sind uns einig: Rassetauben sind sehr schön, überhaupt sind wir von ihnen angetan. Ob es unsere eigenen sind, die Haustauben, die Stadttauben, die heimischen Wildtauben oder die exotischen Ziertauben, die uns bei Vogel- und Ziergeflügelschauen oder in Zoologischen Gärten faszinieren, durchweg üben sie auf uns den eigenartigen Reiz der Begeisterung aus. Aber sind sie denn so friedvoll, wie es heißt? Immerhin verkörpert die von Pablo Picasso in Weiß dargestellte Taube das Symbol des Friedens, nach den sich doch die gesamte Menschheit sehnt. Und heißt es denn nicht „Sie turteln wie die Tauben“, wenn sich zwei Menschen liebevoll Zärtlichkeiten austauschen?

Ein Trugschluss ist das nicht. Selbst die Tauben gehen respektvoll miteinander um. Brudermord kennen sie nicht, auch wenn es gelegentlich den Anschein hat, wenn ein Taubenküken oder flügges Jungtier mit zertrümmerter Schädeldecke am Boden liegend kein Lebenszeichen mehr von sich gibt, zu Tode gekommen durch Alte, die ihnen eigentlich Schutz gewähren müssten. Dieses Bild mutet grausam an. Ist das denn nicht doch der sichtbare Beweis für ein tödliches Vergehen an einem Artgenossen, der unter Gleichartigen angeblich auszuschließen ist, wie einhellig bekundet wird?

Weil solche Unfälle keine Seltenheit sind, wollen wir uns das Fehlverhalten der Tauben einmal vergegenwärtigen und Einblick in ihr Gemeinschaftsleben nehmen: Es sind nicht nur massakrierte Jungtiere. Opfer werden genauso von Elend gezeichnete Tauben, die es nahezu hilflos gerade noch schaffen, einen sicheren Zufluchtsort zu erreichen.

Erlebte Freilandszenarien sollen hier eingeblendet werden: Täuber scheinen in der Körperhaltung einer derart gezeichneten Taube, unabhängig von deren Geschlecht, ein begattungsbereites Weibchen zu erkennen. Und weil in einer Taubenpopulation kein Vorgang unbemerkt bleibt, richten weitere Täuber ihr Augenmerk auf sie. Weil Gegenwehr ausbleibt, wird das Tier reihum gnadenlos bestiegen. Was nun den Beobachter beim Zuschauen dieser tierischen Vergewaltigung verblüfft: Die Beteiligten drängen den die Kopulation vollziehenden

Irgendetwas zieht die Aufmerksamkeit dieser Deutschen Modeneser Gazzi, eine der beliebtesten Taubenrassen, auf sich.

Aktivisten nicht ab, sondern attackieren die regungslose Taube bis zu ihrem Tod mit Schnabelhieben auf die Schädeldecke. Eine Erklärung zu solchen Vorfällen folgt am Ende des Kapitels.

Machen wir uns mit einem Taubenschlag vertraut, der mit fünf Paaren besetzt ist. Jedes Tier besitzt dort einen oder mehrere Ruheplätze und dazu ein bestimmtes Einflussgebiet. Alleiniger Herrscher im Raum ist Tauber A. Er hat – weil am höchsten positioniert und von jedem der männlichen Artgenossen angestrebt – die oberste Reihe der Nistzellen in Beschlag genommen. Bis zur endgültigen Inbesitznahme einer der Nachbarzellen sind zwischen den daran interessierten Täubern B, C, D und E regelrecht federfliegende Duelle vorangegangen. Sieger A wird auch noch späterhin nicht nachlassen zu versuchen dort einzudringen.

Tauber A ist es vermutlich vorbehalten, mit überlegener Manier das Flugbrett als sein Einflussgebiet zu beherrschen und genauso im Bereich des Futtertrogs seine Herrschsucht geltend zu machen. Aber auch die anderen Geschlechtsgenossen haben mittlerweile ihre festen, grenzenlosen Reviersegmente, in denen sie die Oberhand ausspielen und, je nachdem, wie sie frequentiert werden, in Kampfpose und mit Dominanzgebaren zur Vertreibung ansetzen. Dabei genügt meistens die Demonstration des Körperaufrichtens, um Macht zu zeigen und seinen Gegenüber einschüchternd mitzuteilen, diesen Aktionsradius zu meiden.

Bislang wurde gemutmaßt, dass Täubinnen von der Dominanz ihres Ehegatten nicht profitieren würden. Selbst wenn sie nicht energisch agieren, demonstrieren sie gegenüber jedem Schlaggenossen Respekt einflößende Stärke. Immerhin bleibt es ihnen vorbehalten, Revierbesitz zu verteidigen.

Zu gelegentlichen Disharmonien kommt es, wenn nun eine Taube das Gebiet eines Schlagkumpans durchkreuzt, wie es sich bei der Fütterung am Trog und in den Bereichen der Tränke und den Mineralienbehältern nicht vermeiden lässt. Auch wenn an irgendeiner Stelle liegendes Nistmaterial geholt werden muss, reicht meistens die Drohgeste des Einfluss nehmenden Besitzers, dass der vermeintliche Eindringling nach Vollzug seines Vorhabens zurückweicht. Körperliche Unterschiede sind hier für das Durchsetzungsvermögen kaum ausschlaggebend. Denn genauso können unterlegene Individuen im Vorteil sein: Die Eigner eines Territoriums (Nistzelle, Ruheplatz) sind bei einer Auseinandersetzung stets die Gewinner, auch wenn sie dem Widersacher an Statur und Kraft unterlegen sind.

Was geschieht, wenn der an neuralgischen Stellen Einfluss nehmende, ranghöchste Täuber aus dem Schlag entfernt wird? Zunächst bleibt die Ruhe gewahrt. Jedes Tier, das den Schlag verlassen will, überquert schleunigst das Verbindungsbrett zwischen Aus- und Einflug. Allmählich wird es laut und ein Männchen nach dem anderen beginnt zu gurren, denn bislang blieb A die Lautäußerung vorbehalten. Immer aufgeregter wird dann die Stimmung der Verbliebenen, bis einer von ihnen zuschlägt und den Nachbarn mit Schnabelhieben und Flügelschlägen unmissverständlich jetzt auf seine Ansprüche und Vorrangstellung hinweist.

Gehen wir davon aus, es handelt sich um ein älteres, nun doch nicht mehr so machtbesessenes Männchen, das jetzt von einem Platz zum anderen gejagt und von sämtlichen Artgenossen eingeschüchtert wird. Der Zufall will es nun, dass der enteignete, vielleicht Täuber C, auf den frei gewordenen Platz von A gerät. Dort ist er jetzt sicher. Hier sitzend und von den anderen Tieren erstaunlicherweise anerkannt, übernimmt C die Rangstellung des nicht mehr anwesenden Täubers A. Kommt nach Tagen der bisherige Schlagherrscher wieder zurück, ist C noch immer so mutig, sich erfolgreich zur Wehr und sogar durchzusetzen. Als Wiederankömmling ist A zunächst in den unteren Rängen des Soziogramms angesiedelt. Auf dem Weg nach oben wird er jedenfalls versuchen, die vormalige Position wieder zu erlangen.

Wenn wir interessehalbe ein junges, unter seinen Altersgenossen selbstständig gewordenes Männchen in einem Schlagabteil mit einer präparierten, also leblosen Tauben zusammensetzen, wird es dieser Attrappe vorerst skeptisch begegnen. Nach geraumer Zeit, wenn es selbstsicher geworden ist, wird es mit balzendem Auf-sich-aufmerksam-Machen probieren, das Geschlecht zu ermitteln bzw. das unbekannte Individuum zur Gegenwehr zu animieren. Wird es mutig

Show Racer sind sowohl umgängliche als auch anspruchslose Formentauben.

gemacht, indem wir bei seinem Zuhacken mittels eines dünnen Fadens das Taubenmodell zurückziehen, wird er spontan mit zunehmender Angriffslust seine Attacken wiederholen. Wird dieser Täuber nun in die altvertraute Unterkunft zurückgebracht, wird er ermuntert auch in dieser Umgebung die gewonnene Selbststärke unter Beweis stellen.

In einem nur mit Täubinnen besetzten Taubenschlag wird sich ein Täuber – mit wenigen Ausnahmen – stets durchsetzen. Sind nur Weibchen unter sich, kommt es zu geschlechtsgleichen Paarbildungen. Hierbei übernimmt ein Weibchen die Rolle des Täubers. Sie schnäbeln miteinander, bis dann eine davon die Scheinbegattung vollzieht. Zu solchen Verpaarungen kommt es, weil sich – hormongesteuert – weibliche Vertreter männlich äußern.

In der Fauna sind jedem Individuum Hemmungen angeboren, die beim Erkennen der Demutsgeste – sichtbarer Ausdruck der Unterlegenheit – ausgelöst werden und die Überlegenen somit hindern, den Bekämpften weiterhin zu attackieren. Tiere, die kein Geweih, Stoßzähne, Hauer, also weniger ausgeprägte Kampfmittel besitzen – wie die Taube mit einem nicht allzu starken Schnabel –, verhalten sich dafür entsprechend hemmungsloser. Sie duellieren sich erbarmungslos bis zum völligen Erliegen, wenn das unterlegene Tier nicht aus der Sicht des Gegners entweichen kann. In Taubenschlägen und Volieren ist es unmöglich, mit dem Wegfliegen die Unterlegenheit zu zeigen und zu flüchten. Die räumliche Begrenzung ist also die Ursache, wenn es bei den Tauben zu entarteten, bis zum Ableben führenden Konflikten kommt. Bei der weiter oben geschilderten Begebenheit konnte die kranke Taube aus Kraftlosigkeit nicht entfliehen.

Derart dramatische Vorfälle sind selten. In sozialen Gefügen bleibt es in der Regel beim Respektieren des Dominanzgebarens, folglich beim Ausweichen und Zurückziehen der Schwächeren. In unglücklichen Situationen sind allerdings Taubenküken bzw. noch nicht fluggewandte Jungtauben, wenn sie in ihrer Unkenntnis so unbeholfen und unsicher auf dem Boden in die Herrschaftsgebiete adulter Tiere eindringen. Schutzlos nun ausgeliefert erwecken sie den Eindruck eines Grenzen missachtenden Störenfrieds. Findet das Junge keinen Unterschlupf, wird das wehrlose Tier, mittlerweile auch von zügellosen Schlagbewohnern bis zur Unkenntlichkeit zugerichtet, kläglich enden. Jungtieren vor derartigen Tortouren einen sicheren Schutz zu bieten, gehört zum unabdingbaren Aufgabengebiet eines Züchters.

Gewohnheitstier Taube

„... die guten ins Töpfchen, die schlechten ins Kröpfchen“ vermittelt Aschenputtels Stimme über den Lautsprecher in einem gut besuchten Märchengarten. Und hurtig fliegen in der Voliere alle bunten Tauben auf den Schüsselrand der traurigen Stieftochter. Eigentlich wollte sie auf Einladung des Prinzen doch zum Tanzen gehen.

Ein amüsanter Gag, vor allem um den kleinen Besuchern leibhaftig eine Märchenfigur näher zu bringen. Für den Taubenzüchter ist dies ein beispielhaftes Hilfsmittel, in ähnlicher Weise Verhaltensabläufe seiner Tauben zu steuern.

Wie so oft im Umgang mit Tieren lässt sich mit zurückhaltender Fütterung manche Gewohnheit beeinflussen. Das beginnt mit dem Gewöhnen an uns Menschen oder an zweckmäßige Einrichtungsgegenstände im Stall, die zum Aufenthalt angeboten werden, wie baulich veränderte Nistzellen oder das Einbringen von Dressurkäfigen. Wenn in Letzteren gebrütet wird bzw. die Küken dort zur Welt kommen, wird angesichts dieser Drahtgestelle bei künftigen Ausstellungskandidaten niemals Argwohn oder gar Unsicherheit aufkommen – eine von vielen Züchtern in ihren Zuchtwerkstätten gehandhabte Gewöhnungsweise.

Werden frei fliegenden Tauben regelmäßig pünktlich gefüttert, entwickeln sie eine gute Standorttreue.

Den Brauch, pünktlich zu bestimmten Zeiten gefüttert zu werden, quittieren Tauben im Freiflug gehalten mit Standorttreue, Volierentauben mit Zutraulichkeit. Einem Zeremoniell gleich umrahmt mit Zuspruch, anlockendem Pfeifen, Rufen oder dem Rascheln des Futters in einem Behälter, lässt dies die Tiere spontan mit

Anflug zum Trog und Zuneigung reagieren. Bei großem Hunger werden brütende oder hudernde Tauben sogar animiert – allerdings nur für einen kurzen Moment, damit die Brut keinen Schaden nimmt –, zu einer raschen Futteraufnahme das Nest zu verlassen. Durch die Fütterung und das Sattwerden entsteht eine Bindung an die Örtlichkeit, Signale für Anhänglichkeit, Wohlfühlen und Selbstvertrauen.

Tauben zu verstehen will gelernt sein, wobei es so mancher im Gefühl hat, sich exzellent mit den Bedürfnissen seiner mit Federn bekleideten Lebensgefährten auseinanderzusetzen. Der Erfolg ist auch hier im symbiotischen Umgang mit den Tieren begründet. Durch richtige Kommunikation können Mensch und Tier auf einen Nenner gebracht werden. Gewohnheit und Routine sind – wenn sie auf der Zielgerade des Erfolges harmonieren – die wunderbaren Elemente einer Rassetaubenzucht.

Vom Denkvermögen der Tauben

Können die Tauben nun denken oder können sie es nicht? Sie haben ein hervorragendes Gedächtnis, lernen aus Erfahrungen und festigen Gewohnheiten durch Wiederholungen. Sind sie klug, intelligent sogar – oder „dumm wie die Hühner", wie es zuweilen im Sprachgebrauch von uns Menschen heißt?

Wie sind sie einzuordnen, die Tauben, die seit einigen tausend Jahren zum Kulturfolger in Anpassung an die Umwelt mit den Menschen geworden sind und nun mit ihnen zusammen leben – und das weltweit in den unterschiedlichsten Regionen?

Natürlich können Tiere – und eben auch Tauben – denken, allerdings auf andere Art als wir Menschen. So ist es die Sprache – nicht die Körpersprache –, mit der wir Erlebtes ausdrücken bzw. nachvollziehend mitteilen können. Tauben können das nicht. Damit die Menschen sprechen lernen konnten, mussten sie vorher denken können.

Weil das Nestbauen zur Arterhaltung ein Teil des instinktiven Fortpflanzungsrituals ist, bedarf es keiner Denkleistung. Will eine Taube aber in überfüllten Volieren auf der Sitzstange zwischen zwei Artgenossen landen und wird mangels Freiraum abgewiesen, sucht sie sich an einer anderen Stelle einen Platz. Das wird sie auch an einem Futtertrog tun, wo es eng zugeht. Solche Vorgänge sind innerhalb einer sozialen Gemeinschaft die Normalität; es sind Prozesse des individuellen Sich-Behauptens.

Wie aber reagieren die Tauben auf gegenständliche Veränderungen in ihrer vertrauten Umgebung? Wenn Rassetauben sozusagen in geordneten Komfortverhältnissen plötzlich mit unbekannten Gegebenheiten konfrontiert werden, wie werden diese bewältigt? Wir Menschen würden sagen: Sie machen das Beste daraus.

Flugbilder von möglichen Feinden zu erkennen, ist den Tauben in die Wiege gelegt und für frei fliegende Tiere überlebenswichtig.

Ihr Erinnerungsvermögen ist bewundernswert und nicht nur von kurzer Dauer. Dank ihres funktionierenden Langzeitgedächtnisses kompensiert mit bewiesener Intelligenz sind Tauben tatsächlich in der Lage, nicht nur knifflige Denksportaufgaben im Labor zu lösen. Es käme auf Versuche an, überzeugendere Denkleistungen von Felsentauben abzurufen als von den bislang nur bei Brieftauben in der Skinner-Box erzielten. Weil sich Original-Felsentauben nicht zähmen lassen, erschweren kognitive Experimente einen Vergleich. Bei Feldversuchen auf begrenztem Terrain kämen dann schon eher vergleichbare Resultate zustande.

Haustauben in die Enge getrieben reagieren in der Regel „kopflos". Bei Zusammenstößen mit ihren Artgenossen lassen sie viele Federn. Felsentauben hingegen entziehen sich dabei schnellstens aller Zugriffe mit zielsicherer Flucht. Es sind ohnehin flüchtige Lebewesen mit weit reichender Fluchtdistanz, dabei von erstaunlicher Intelligenz, wenn sie Bedrohungen einzuschätzen haben.

Verglichen mit den Wildformen – wie Herre und Röhrs dokumentieren – besitzen die domestizierten Vettern bis zu 30% weniger Hirnschädelkapazität als ihre Ahnen. Das trifft – wenn auch nicht in gleichem Maße – auch für die Tauben zu. Im Falle einer (Wieder-)Verwilderung nimmt das Volumen wieder zu. Untersuchungen von Rehkämper, Frahm und Cnotka ergaben ähnliche Werte, wohingegen Rehkämper darin keine Degeneration sieht, sondern es vielmehr für eine Anpassung an den Menschen nennt, die sich auch anatomisch im Gehirn wiederfinden lässt.

Die Hirngewichtsreduzierung im Vergleich zur Felsentaube beträgt bei den Haustauben 6,8 %. Hier wiederum unterscheiden sich die Brieftauben von den Rassetauben. Die Brieftauben mit trainiertem Heimfindevermögen wiesen 5 % mehr Gehirngewicht als ihre für Schauzwecke gezüchteten Verwandten aus.

Tauben sind nicht dumm

Verminderte Hirnschädelkapazitäten sind nicht der Ursprung für das Verkümmern dieser und jener Anlagen. Wenn sich Haustauben in für sie ungewohnter Umgebung nicht sofort zurechtfinden, dann fehlt ihnen lediglich die momentane Übersicht, noch dazu, wenn sie in Bedrängnis geraten sind. Im Nu unbehelligt einen freien Sitzplatz zu finden, verlangt kein Hirnvolumen, in dieser Situation aber zielsicher eingesetztes Selbstbewusstsein und Durchsetzungsvermögen.

Vieles ist den Tauben angeboren, manches müssen sie erlernen. Wenn – was nicht zutrifft, aber noch immer in den Köpfen einzelner Taubenhalter verankert ist – auffällig gefärbte Tauben eher dem Greifvogel zum Opfer fallen als ihre Artgenossen in schlichtem Blau, dann fehlt es nicht an Hirn, um schneller und geschickter ausweichend fliegen zu können, sondern ganz einfach daran, dass die Feinde bei einhundert Verfolgungen nur 14-mal einen Treffer landen. Trotz schützender Volieren und sich daher in Sicherheit fühlend, wissen Tauben die lebensbedrohlichen Flugbilder eines vorbeischnellenden Sperbers sehr wohl vom nur kreisenden, ungefährlichen Bussard sowie vom gabelschwänzigen Milan zu unterscheiden. Dies sind Erkennungsmerkmale, die den Tauben bereits in die Wiege gelegt worden sind. Die Vogelwelt weiß sich jedenfalls durch Flucht – wie es im Erbgut verankert ist – zu retten, mit mehr oder weniger großen Überlebenschancen.

Im Dasein der Tauben allgemein spielen die Gewohnheiten im Tagesablauf eine wesentliche Rolle. Wenn sie tagein, tagaus lebenslang versorgt werden, sind keine besonderen Anforderungen an sie gestellt, für die sie klug sein müssten, sodass sie es eventuell mit nicht vorhandenem Hirngewicht kompensieren könnten. Mit Alltagsproblemen sind die Taubenvorfahren in freier Wildbahn genauso wenig konfrontiert. Hier sind es die von Natur aus geregelten Zyklen mit allen ihren Einflüssen wie Frühling, Sommer, Herbst und Winter und den jahreszeitlichen Auswirkungen.

Felsentauben sind den Haustauben überlegen, wenn es darum geht, mit Umweltereignissen fertig zu werden. Das resultiert aus Argwohn vor Gefahren und aus Misstrauen gegenüber von Bewegungen in ihrem Lebensraum und nicht, weil sie womöglich intelligenter sind. Unsere Rassetauben sind durch Zucht – wie gelegentlich angedacht ist – nicht „dumm" gemacht worden, sondern „zahm", eine pauschale Bezeichnung für domestiziert. Tiere gelten dann als domestiziert, wenn sie sich in Menschenhand von Generation zu Generation fortpflanzen.

Mit der Haustierwerdung übernahm der Mensch die Überwachung des Wohlbefindens unserer Gefährten aus dem Tierreich. Seine Fürsorge gilt umso mehr den durch Selektion vernachlässigten Fähigkeiten wie das reduzierte Flugvermögen einiger schwerer Rassen – eine Aufgabe, die er für sie in Form von einer rassegerechten Unterbringung, Schutz, Versorgung, Pflege und Zuneigung auszugleichen weiß.

Die häufig gestellte Frage „Könnten oder würden Rasse- bzw. Haustauben draußen in der freien Natur überleben?“ lässt sich auf Anhieb nicht beantworten. In Anpassung an unbekannte Umweltverhältnisse sind Tauben schon eher, als manch andere Haus- oder Nutztiere, imstande, ihr Überleben zu meistern, so, wie sie es weltweit geschafft haben, ansässig zu werden. Zunächst waren es versprengte Individuen, die sich verpaarten und vermehrten, bis hin zu Populationen in den Ballungszentren, wo sie wahrhaftig zu kaum überschaubaren Mengen anzutreffen sind. Das demonstrieren die Stadttauben auf allen Kontinenten unserer Erde immer wieder – und das dank ihrer Fruchtbarkeit ohne sichtbaren Zurückgang.

Alle Jahre wieder: die Mauser

Der Federwechsel ist ein natürlicher Vorgang, ein gesetzmäßig biologischer, sich alljährlich wiederholender Prozess, dem alle Vögel unterliegen. Die Erneuerung des Federkleids ist für jede Taube überlebenswichtig und der Beanspruchung wegen unumgänglich. Weil ein plötzlicher Federaustausch die Tauben hilflos machen würde, verteilt sich der Mauserverlauf fast über ein volles Jahr hindurch fortlaufend.

Trotz fehlender Schwungfedern ist das Flugvermögen der Tauben während der Mauser nicht beeinträchtigt.

Der Federwechsel vollzieht sich bei den Tauben von dem Zeitpunkt, an dem ihr Körper mit Federn bedeckt wird, mit einem systematischen Verlauf und gleichen Zeitrhythmus. Der Höhepunkt, die Hauptmauser, wird im Spätsommer nach Abschluss der letzten Brut erreicht. So hat es die Evolution

Mauserreihenfolge der großen Konturfedern: Die Pfeile zeigen den Richtungsverlauf der Schwingenmauser, die Ziffern die Folge bei den Schwanzfedern.

vorgesehen – nämlich zur Hauptreifezeit der unterschiedlichsten Nahrung in Feld und Flur. Sie erfolgt während einer Jahreszeit, in der für Vögel der Tisch zum Anlegen von Reserven noch reich gedeckt ist, also lange, bevor der Winter den Tauben unerbittlich zu Leibe rücken wird.

An diesem von der Natur vorgegebenen Reglement wird auch der Züchter festhalten und während des dynamischen Federwechsels sein Hauptaugenmerk auf die Fütterung lenken. Der Futterhandel hält hierfür spezielle Mauserfutter bereit, die ihm das optimale Versorgen der Tiere wesentlich erleichtert. An vitaminreichen Zugaben wird er es nicht fehlen lassen, Wasserbäder nehmen die Tauben gern mit großem Eifer an. Tut es die eine und andere nicht, muss sie beobachtet werden. Wo immer auch die Sonnenstrahlen einen zugänglichen Platz erreichen, suchen ihn die Tauben dann auf.

Die Mauser ist ein regenerierender Zeitabschnitt im Leben der Vögel, auf den sich bei Kenntnis dieser den Organismus strapazierenden Phase ein Rassetaubenzüchter gerade im Hinblick auf Fütterung und Hygiene einstellen muss. Um die Paare zu schonen, sollten sie vorher getrennt werden. Während dieser Zeit, bis zum Frühlingserwachen, ruht in der freien Natur die gesamte Vogelwelt, die Tiere sind – salopp formuliert – sexuell so gut wie außer Gefecht gesetzt. Das sind auch die in Dauerehe lebenden Felsentauben und unsere heimischen Wildtauben wie Hohl-, Ringel- und Turteltauben. Nicht ganz so lange davon betroffen sind die leistungsbezogenen, im Sinne der Wirtschaftlichkeit gezüchteten Fleischtauben. Dank ihrer Versorgung mit energiereicher Kost unterliegen sie nur kurzzeitigen Fortpflanzungsunterbrechungen. Würden sie nicht getrennt werden, wären mit kurz eingelegten Pausen auch unsere Rassetauben dazu imstande. Ihrer Schonung zuliebe sollte der Züchter dies aber durch eine Trennung der Geschlechter verhindern.

Im Sinne eines ungefährdeten Arterhaltens trifft der zögerliche Federwechsel beide Geschlechter gleichzeitig. Da ihre Flugfähigkeit aber keinesfalls beeinträchtigt ist, wäre über den Zeitraum der notwendigen Dauer eine Versorgung der Nachkommen gesichert.

Der Verlauf der Mauser

Der Federwechsel vollzieht sich bei Felsen- und frei fliegenden Tauben eher unbemerkt, wogegen die in Schlag und Voliere gehaltenen Tiere davon sehr auffällig gezeichnet sind. Im größten Teil der bis jetzt erschienenen Taubenliteratur wird noch beschrieben, dass mit dem zweiten Gelege der Abwurf der ersten Handschwinge beginnt, und zwar auf beiden Flügelseiten ist es die 10. Handschwinge, und sich dann zögerlich fortsetzt.

An dieser Meinung wird heute nicht mehr festgehalten; der Mauseranfang steht in keiner Verbindung mit dem Brutzyklus. Fakt ist: Er beginnt, vom Wetter beeinflusst, im Mai. Die nächsten Handschwingen – von innen nach außen verlaufend – fallen nach und nach, und zwar jeweils dann, wenn die vorangegangenen nahezu wieder voll ausgewachsen sind. Ist eine Hälfte der Handschwingen erneuert, fallen sowohl von innen als auch nach außen fortlaufend die Armschwingen ab. Der rhythmische Wechsel der Steuer-/Schwanz-Federn setzt nach Erneuerung eines Drittels der Handschwingen ein. Sie beginnt mit den beiden Federn neben den mittleren, dann werden diese, danach die dritten und so weiter geworfen. Der Deckfederaustausch hinterlässt im Federkleid kaum auffallende Lücken. Umso deutlicher tritt die Mauser – fast bis zur Unkenntlichkeit der betroffenen Taube – zeitweilig mit nackten Stellen am Kopf in Erscheinung.

DIE SCHRECKMAUSER

Eine Besonderheit ist die bei Tauben vorkommende Schreckmauser, ein plötzliches, auf eine Angstreaktion zurückzuführendes Spontanabstoßen von Federn. Betroffen davon sind Bauch- und Schwanzfedern in Fällen drohender Gefahren. Es wird als Schutzverhalten gedeutet. Bei Begegnungen mit Fressfeinden verlieren die Tiere einen nicht geringen Teil ihrer Federn, flüchtige sogar bei Zugriff durch den Menschen.

Mit Beginn der Hauptmauser sollte der Züchter seine Tiere besonders in Augenschein nehmen. Dabei ist selbstverständlich auf einwandfreie Schlaghygiene zu achten. Freiflug wäre die zeitweilig beste Dauertherapie, wenn man weiß, wie leicht frei fliegende Tauben den Federwechsel überstehen. Weil Greifvögel an stark nebligen Tagen ihre Streifzüge gern auf Taubenbestände richten, ist Vorsicht geboten und demzufolge der Freiflug auf die Mittagsstunden zu beschränken. Wenn Tauben den Schlag nicht freiwillig verlassen, so bei frei liegenden Ohren während der Kopfmauser, soll es ihnen überlassen bleiben, wann sie wieder hinaus möchten.

Trotz vorhandener Mauserfuttermischungen lassen es erfahrene Züchter nicht an einer den Federaustausch zusätzlich unterstützenden Versorgung fehlen. Dabei wirkt sich die Beigabe von Schwefelblüte (1 Teelöffel für 20 Tauben) unter das Futter gemischt sehr positiv aus. In ähnlicher und bekömmlicher Weise lassen Raps, Rübsen, Leinsaat und letztlich vitaminhaltige Naturalien aus dem Hausgarten sowie angesetztes Keimfutter eine positive Wirkung erkennen. Die Abwechslung macht es aus und ist den Tauben besonders dienlich. Mit etwas Honig gesüßter Spitzwegerich-Tee wird liebend gern angenommen und erweist sich als sehr hilfreich und regenerierend.

Bei frei fliegenden Tauben verläuft der Federaustausch kaum vernehmbar. Die hier abgebildete Taube hat zum Mauserbeginn die erste Handschwinge geworfen, die Steuerfedern sind noch vollzählig vorhanden.

Wenn nach gründlicher Renaturierung des Federkleids die Mauser ausklingt und demzufolge sich das lästige Aufnehmen der geworfenen Federn beim Reinigen des Schlags dem Ende nähert, haben Tauben und Züchter aussichtsreiche Chancen, an Ausstellungswettbewerben teilzunehmen, und es ist abzusehen, dass mit gesunden Tieren der Grundstein für die kommende Generation gelegt worden ist.

Die Verbandstätigkeit

Der Anreiz, mit seinen Tauben zu Ehren zu kommen, erfährt seinen Widerhall im Wettbewerb: bei Bewertungen anlässlich von Jungtierschauen oder von den Sondervereinen ausgehenden Jungtierbesprechungen und letztendlich bei Lokal- bis hin zu den Bundesschauen. Die Krönung wäre eine Meisterschaft – Möglichkeiten bieten sich da etliche. Ein absoluter Höhepunkt ist „Best of Show“. Es ist dann reiner Zufall, wenn eine solche Gewinnerin aus einer reinen Vermehrungszucht stammt. Viele Mühen liegen vor Erreichen des Titels. „Ohne Fleiß kein Preis“ bestätigt der Volksmund nicht unbegründet.

Das Ziel eines jeden Züchters sind Tiere, die dem Standard entsprechen. Hier sind die Fingerfedern einseitig korrekt gezeichnet.

Vereinsmitgliedschaften

Wer mit seinen Tauben an Wettbewerben teilnehmen möchte, wird sich einem Verein von Rassegeflügelzüchtern anschließen müssen. Das sieht die Satzung des Bundes Deutscher Rassegeflügelzüchter vor, die seit Gründertagen bestehende Verfassung des Dachverbandes, der überparteilich nationales Kulturerbe pflegt und sich der Tradition verpflichtet fühlt. An Vorläufern orientiert, wie der „Buchholzer Taubeninnung von 1845“ und dem Görlitzer „Hühnerologischen Verein“ von 1852, erfolgte von zugeneigten Enthusiasten initiiert 1881 die Gründung

Gehören zu den geistigen Werkzeugen eines Züchters: der Satzungsordner mit den Allgemeinen Ausstellungsbestimmungen sowie der Deutsche Rassetaubenstandard.

des heutigen Bundes Deutscher Rassegeflügelzüchter (BDRG). Seit nunmehr 131 Jahren ist er nach wie vor damit befasst, die Interessen aller seiner die Rassegeflügelzucht betreibenden Mitglieder zu vertreten. Seine Träger sind die Landesverbände.

Der 1903 gegründete Verband Deutscher Rassetaubenzüchter (VDT) ist einer der integrierten Fachverbände mit eigener Satzung und Wettbewerbsbestimmungen. 140 spezielle, auf bestimmte Taubenrassen ausgerichtete Sondervereine, vier Flug- und 90 Ortsvereine sind gebündelte Insidergemeinschaften unter dem Schirm des VDT. Immerhin gehören dem größten Rassetaubenfachverband der Welt annähernd 23.000 Mitglieder an. Höhepunkt eines jeden Jahres, als Wanderschau deklariert, ist die Deutsche Rassetaubenschau.

Wer in einem dieser reinen Taubenvereinigungen Mitglied ist, hat die richtige Wahl getroffen. Ortsvereine allgemein bilden die Basis der aktiven Züchterschaft. Auf Bestellung werden von dort die Fußringe bezogen, von manchem – durch Großmengenkauf – auch kostengünstig das Futter beschafft. Jungtier- und Lokalschauen sind die Höhepunkte eines Zuchtjahres auf der örtlichen Ebene. Züchter, die übergeordnete Ausstellungsereignisse, zunächst die Kreis- und des Weiteren Landesverbandsschauen mit Tieren beschicken, nähern sich dem Niveau mit höheren Ansprüchen. Und wer dem Ruf zur Teilnahme an den drei überregional für Rassetaubenzüchter interessanten Bundesschauen der VDT- und Nationalen Bundessiegerschau sowie der jedes Jahr in Leipzig stattfindenden Lipsia-Schau folgt, spielt wie die Fußballprofis in der Bundesliga. Hier geht es – nur in Leipzig nicht, die Lipsia hat ihren eigenen Charme – um Deutsche Meisterschaften und Einzeltier-Wettbewerbe mit Aussichten auf Erringen von Champion-Titel oder Best of Show.

Den Weg dorthin zu beschreiten ist für jeden Züchter sowohl ein steiniger als auch steiler Pfad. Um Aktualität und Wissen bemüht, wird er nicht umhin kommen, dem Sonderverein seiner Rasse beizutreten. Nur hier erfährt er Interessantes sowie Neues und wird mit den Feinheiten vertraut gemacht, wie sie an anderer Stelle nicht eingehender vermittelt werden. Unterstützt wird er durch Rundschreiben, Tagungen mit Tierbesprechungen und Zusammenkünften, bei denen Zuchtrichtung und Ausstellungsstrategien, kurzum alle jene wichtigen Themen behandelt werden, auf die es im wesentlichen im Umgang mit der Rassetaubenzucht primär ankommt.

Bei Hauptsonder- (HSS) und Sonderschauen (SS) zeigt sich in der Konkurrenz schließlich die Klasse einer jeden Zucht und besteht die Möglichkeit, von gleichgesinnten Zuchtfreunden aus deren Zucht das eine oder andere Tier zu erwerben. Das Ziel dieser Sondervereine ist es, das Ideal der jeweiligen von ihm betreuten Rasse züchterisch auf Niveau zu halten und voranzubringen.

Von den meisten Sondervereinen ins Leben gerufen versorgen sie über das Internet-Medium mit eigenen Homepages ihre Mitglieder mit internen Begebenheiten und Aktuellem. Interessierte Surfer finden hier auf Knopfdruck eine große Auswahl spezieller Nachrichten und Informationen über die jeweiligen Rassen, vielleicht sogar das Verkaufsangebot von Tieren.

Seit Jahren bereits bietet – nur mit seltenen Unterbrechungen – der VDT jeden Tag die Szene mit internationaler Reichweite News aus aller Welt. Von den Usern sehr gern wahrgenommen, werden sie somit auf dem Laufenden gehalten. Sogar das Herunterladen von Ausstellungspapieren ist möglich. Das Abrufen von Ausstellungsergebnissen bei der Verbands- und der Deutschen Rassetaubenschau – egal, an welchem Ort diese Wanderschau auch ausgerichtet ist – stellt heutzutage kein Problem mehr dar.

Die höchste Auszeichnung eines Rassetaubenzüchters ist die Ernennung zum „Meister der Deutschen Rassetaubenzucht" – eine Ehrung, die freilich nur den fleißigen Züchtern nach einer Mitgliedschaft von allerdings 30 langen Jahren zugesprochen wird.

Flugtaubensport

Es ist zweifellos ein faszinierendes Schauspiel, fliegenden Tauben unter Gottes blauem Himmel zuzuschauen – seien es die eigenen, die gerade einige Runden ziehen, oder solche, mit denen so viele Disziplinen wettbewerbsmäßig konkurrieren. Das Rauschen der Schwingen und das Kreisen in Formationen vor dem Hintergrund der Wolken versprechen, ein Erlebnis zu werden. Wer ein Faible dafür hat, dem erfüllen sich hierbei Sehnsüchte und er kommt ins Schwärmen.

Der Umgang mit Flugtauben setzt spezifisches Einfühlungsvermögen voraus.

So mag es den Erfindern der Flugtechnik ergangen sein, die mit den Vögeln höchstpersönlich nacheifernd in die Luft gehen wollten, um die Erde unter sich aus dieser Perspektive betrachtet einmal zu erleben. Das Überwinden von großen Entfernungen auf schnellstem Wege war für diese Pioniere nicht das große Ziel, sondern nur Fliegen. Was kann schöner sein?!

Das Betreiben des faszinierenden Kunstflugtaubensports ist eine äußerst vielseitig angenommene Art der Beschäftigung mit Tieren. Eine illustre Gemeinschaft von Leuten – wie sie sich als solche auch bekennt – gibt sich dieser Freizeitbeschäftigung hin. Dieses Freizeit ausfüllende Hobby, lässt – so ehrlich muss man sein – für andere Dinge kaum noch freie Zeit. Die Aktivisten haben auch in diesem Metier die Nase vorne, all jene nämlich, die eben mit feinsinnigem Gespür wissen, worauf es beim Umgang mit diesen Vögeln ankommt.

Faszinierender Taubenflug: ein Usbekischer Flugtümmlers über der Hauptstadt Taschkent.

Respekt vor dieser mutigen Interessengesellschaft. Immerhin setzen sie ihre besten, die wertvollsten Flugkandidaten aufs Spiel, selbst auf die Gefahr hin, dass sie irritiert durch Ablenkung entfliegen oder während einer Vorführung oder Trainingsflugs vom Greifvogel attackiert, womöglich geschlagen werden. Ohne Risikobereitschaft also kein Zielerreichen, keine Platzierung, wenn es im Wettbewerb um Punkte geht, die den Sieg bedeuten.

Das Vokabular dieser Spezialisten ist, vergleichsweise mit dem der Ausstellungszüchter, hinsichtlich des tierpsychologischen Kenntnisstands ein anderes. Ihre Tauben werden nach Charaktereigenschaften, nach Partnerschafts- und Teamfähigkeit eingesetzt, vor allem aber ist die Lernbereitschaft ihrer Tauben gefragt. In Anlehnung an standardgesicherte Rasseattribute gibt es keine Maßstäbe, die es zu erfüllen gilt. Es geht um Vitalität, diese steht oben auf. Ohne jeglichen Kompromiss einzugehen, triumphiert die wilde Entschlossenheit der Individuen, vollblütigen Rennpferden gleich, mit Energie beladen dem eigenen Naturell folgend gen Himmel zu stürmen.

Flugtaubenrassen könnten nicht infolge von Schauzwecken zu fluguntüchtigen Rassen degradiert werden, ebenso wie traditionelle Ausstellungsrassen sich nicht für Einsätze im Flugtaubensport eignen. Vergleichsbeispiele sind sowohl bei Flug- als auch Ausstellungsrassen anzutreffen.

Um nur einige aufzuzählen, sind Danziger und Wiener Hochflieger, Broder Purzler, Wammentauben mit regionaler Herkunft aus Arabien, Orientalische sowie Birmingham-Roller in beiden Disziplinen zu finden. Nebeneinander gestellt weichen Ausstellungs-Typ und Flug-Typ der jeweiligen Rasse in ihren äußeren Merkmalen sichtlich voneinander ab. Auch im Fürsorgeverhalten gegenüber ihren Nachkommen überzeugen die Flugtauben mit Zuverlässigkeit.

Eine Ausnahme hierbei bilden die zu den Spielflugtauben zugeordneten Ringschläger. Sich der Verantwortung bewusst, die namengebende Eigenschaft des Ringschlagens selektiv zu erhalten, schrieb der sie betreuende Sonderverein sein eigenes Wettdrehgesetz: Als Ausstellungstaube dürfen sie nur an einer offiziellen Meisterschaftsausschreibung teilnehmen, wenn sie unter neutraler Aufsicht bei einem SV-internen Wettbewerb durch Ringschlagen einer Täubin ihre Reverenz erwiesen haben.

Trainingsmethoden

Besucher von Flugtauben-Veranstaltungen werden sehr bald herausfinden, dass die von unterschiedlichen Disziplinen inszenierten Vorführungen das Resultat von Gewöhnung und Training durch Dressuren sind, die von Belohnung durch Fütterung zum Gelingen der beabsichtigten Ausbildung führen.

Es steckt viel Mühe in dieser sich ständig wiederholenden Trainingsmethode. Bis sich die Individuen dirigieren lassen, muss ihr Ausbilder viel, sehr viel Geduld aufbringen. Schon mit dem Absetzen der Jungtauben beginnt das Einüben mit ihrem Aufenthalt im Wechsel vor dem Ausflug befindlichen Drahtkasten und dem Einspringen in den Schlag. Schließlich an Freiflug gewöhnt, muss das Aufsuchen der Unterkunft auf Kommando, wie das Klappern mit der Futterdose, folgen. Das Befolgen der Rückkehr auf Verlangen während eines Flugs durch Zeigen einer weißen Fahne bzw. Freilassen der Dropper ist ein weiterer absolut wichtiger Lernvorgang der künftigen Flug-Asse. Die sogenannten Dropper sind zahme Täubchen, quasi Teamgefährten, die bei ihrem Erscheinen das begehrte Dinner ankündigen. Hierfür eignen sich Pfautauben, Arabische Trommeltauben und andere anhängliche Rassevertreter sowie solche, die sehr zutraulich werden. Um sie aus der Ferne leicht erkennen zu können, sind es Tauben mit einem weißen Federkleid.

Egal, an welchem Standort von einem Flugkasten aus gestartet wird, trainierte Flugtauben finden nach Zeigen des „Droppers“ – einer weißen Taube – den Weg zurück.

Amüsant und beeindruckend zugleich ist der Flugtaubensport mit dem Einsatz von Töne entwickelnden Taubenpfeifen.

Eine Alternative ist das Fliegenlassen der Flugtauben von einem mobilen Flugkasten aus. Präsentationen wie diese finden auf freien, großen Flächen statt. Vorgesehen sind dafür verkehrsruhige Plätze und Sportanlagen, Wiesen und Felder meistens an den Peripherien von Ortschaften. Mit gutem Orientierungsvermögen und ausgeprägten Sinnesleistungen lässt die aus drei oder fünf Tauben bestehende Mannschaft – nach reglementierten Zeitrahmen beim Setzen von Signalen – ihre Ausflüge auf dem farbbetonten Flugstützpunkt enden.

Sie alle fliegen notwendigerweise in unterschiedlichen Höhen, teilweise sehr hoch. Beim Landeanflug der Sturzflugtauben ist zu befürchten, sie könnten bei dieser Fluggeschwindigkeit und kaum zu bremsender Wucht zu Tode kommen. Mit dem Herabstürzen geht ein lautes Federrauschen einher.

Besonderheiten der Flugtaubenhaltung

Die Haltung von Flugtauben wie Flugtippler, Hochflieger, Purzler, Roller, Sturzflieger, Bodenpurzler, Stilflieger ist auf kleine Mini-Herbergen ausgerichtet. Die Abteile sind von geringer Größe, ausgerüstet mit einem Sitzplatz pro Tier. In den Zuchtschlägen pulsiert das Leben wie im Bienenstock. Die Tiere sind sehr fruchtbar und, was die Show-Rassetaubenzüchter immer wieder in Erstaunen versetzt, ist die Anspruchslosigkeit dieser energiegeladenen Flugwunder. Trotz knapper Fütterung erbringen sie – jede Klasse für sich – enorme Hoch- bzw. Flugleistungen.

Die Effizienz der Fütterung als solche schlägt sich im Flugtaubensport zum einen physiologisch leistungsbezogen und zum anderen psychologisch motivierend nieder. Die Methode der exakt dosierten Anwendung beruht auf gelenkter Erfahrung; der Neuling tut gut daran, die Ratschläge des Züchters der Herkunftstauben beizubehalten.

Vier spezielle Flugvereine haben sich dem VDT angeschlossen und fünf sind es, die neben dem Ausstellungstyp parallel zu ihm mit einem Flugtyp den Flugsport betreiben.

Brieftaubensport

Der Umgang mit Brieftauben, so spannend und mitreißend er ist, kann nur den Züchtern vorbehalten bleiben, die parallel zu ihrem Ehrgeiz bereit sind, alle ihre verfügbare Freizeit dafür einzusetzen, wenn sie immer an der Spitze mitfliegen wollen, wie die Liebhaber der schnellen Flieger bekunden. Das zeichnet sie in besonderer Anerkennung ihres Engagements bei der Beschäftigung mit Tauben aus – und das weltweit. Der Sport mit den „Rennpferden des kleinen Mannes", wie er heute betrieben wird, stellt große Anforderungen an Mensch und Tier in einer nie da gewesenen Weise. Von Menschen gemachte Einflüsse sind es, die derzeit beide vor kaum überwindbare Probleme stellen. Dabei sind es hüben wie drüben Bestrebungen. Sie auf einen Nenner zu bringen ist, wie es scheint, ungewiss – so verhärtet sind die Fronten zwischen den beiden Lagern.

Außenansicht eines typischen Schlags für Brieftauben.

Blick in das Witwerabteil des Taubenschlags.

Besondere Aufmerksamkeit schenken die Brieftaubenzüchter der Beurteilung des Taubenauges.

Kontrovers sind der Schutz von vom Aussterben bedrohten Greifvogelarten und die mit gemeinnützigen Privilegien ausgestattete Brieftaubenliebhaberei. Während der Brieftaubenwettflüge werden viele Tiere ein Opfer dieser Beutegreifer und ihre Besitzer um die zeitaufwendigen Fürsorge- und Finanzinvestitionen gebracht. Ein Kompliment sei den Brieftaubenzüchtern nie verweigert. Sie schicken, damit sie hoffentlich in die Siegerliste gelangen, die wertvollsten, schnellsten „Cracks" zu den nunmehr riskant gewordenen Reiseunternehmen.

Besonderheiten der Brieftaubenhaltung

Brieftauben – von ihren Liebhabern gehegt und gepflegt wie Juwelen – genießen im Regelwerk der mit Tauben betriebenen Disziplinen einen bewundernswerten Ausnahmestatus. Auf Flugkondition ausgerichtet, bedarf es rund um die Uhr einer gründlicher Überwachung. Nachlässigkeit wird mit spürbaren Konditionseinbußen quittiert. Dem zu entgehen, legen die Brieftaubenzüchter großen Wert auf prophylaktische Vorkehrungen. Ausgeklügelte Fütterungspläne, dosierte Tränkqualitäten, Kotuntersuchungen und Impfungen sind zur Tagesordnung gewordene Routine. Die höchsten Ansprüche stellt der Brieftaubenzüchter an die Aufrechterhaltung der Schlaglüftung. Frische Luft ist für ihn die absolut wichtigste Grundvoraussetzung der Taubenhaltung.

Brieftaubenzüchter sind reine Spezialisten. Die Einrichtung der Taubenschläge ist praktisch konzipiert, auf unnütze Schnörkel verzichten sie. Das ist ihre Maxime: Zuneigung, Nähe und individuelle Liebesbezeugungen bestimmen den symbiotischen Alltag in der Mensch-Taube-Beziehung. Hinzu kommt noch die geübte Reinhaltung der Schläge, Geräte und des Zubehörs und letztlich auch das programmierte Auf-die-Reise-Schicken ihrer Lebensgefährten und ihre mit Spannung erwartete Rückkehr.

Reisetaubenliebhaber müssen sich überwiegend auf die Haltung der Tauben in Volieren und notwendigerweise eben auf Trainingsflüge beschränken. Trotz ihrer potenziell zugewandten Lobby verzeichnen sie aufgrund der erwähnten Umwelteinflüsse sowie auch durch Mangel an Nachwuchs und dem altersbedingten Ausscheiden von Züchtern einen bedenklichen Mitgliederschwund.

Der 1874 gegründete Verband Deutscher Brieftaubenzüchter e. V. mit Sitz in Essen ist eine weltweit agierende Organisation mit eigener, wöchentlich erscheinender Fachzeitschrift. Die von ihr betriebene Fachklinik kann von jedem Taubenhalter und Rassetaubenzüchter in Anspruch genommen werden.

Verirrte, in den meisten Fällen durch bei Trainings- und Wettflügen nach Greifvogelattacken versprengte Brieftauben lassen sich gern in frei fliegenden Haustaubenbeständen oder in Bereichen um Taubenvolieren nieder. Nach wenigen Tagen Aufenthalt und der Inanspruchnahme von Gastfreundschaft, fliegen sie weiter. Falls nicht, hilft der Zweitring am Fuß dieser Reisetaube anhand der Telefonnummer, ihre Besitzer ausfindig zu machen, oder es kümmert sich bei

Zur Abschreckung von Greifvögeln versehen die Halter von Brieftauben ihre Tiere mit einer roten Farbmarkierung.

fernmündlicher Kontaktaufnahme der verbandseigene Zugeflogenendienst um die Weiterleitung der Meldung. Eine weitere Möglichkeit ist das im Internet einsehbare Hilfsprogramm.

Bei anstehenden Veranstaltungen wird die Frage nach weißen (Brief-)Tauben, dem Symbol für Liebe, Treue, Glück und Frieden sehr oft an Leute, die mit Tauben beschäftigt sind, gestellt. Mit dem Hinweis auf die Vereinigung Deutscher Hochzeitstauben (DHV) ist die Frage recht schnell beantwortet.

Ausstellungen

Ein Vorhaben ist nur dann von Erfolg gekrönt, wenn es gründlich vorbereitet worden ist. Dazu gehören Ereignisse wie das Ausstellen von Tieren, also Rassetauben. Bei diesen Präsentationen spielen einzig und allein nur sie die Hauptrolle. Obschon die Züchter – um in der Showsprache weiter zu philosophieren – dramaturgisch gesehen Regie führen, sind die befiederten Paradepferde keinesfalls nur betrachtete Statisten. Zugegebenermaßen werden auch sie nach des Maskenbildners Willen nicht ganz auf Kosmetik verzichten können. Denn in der

Ein speziell angefertigter „Kosmetikständer" aus Metall erleichtert das Schaufertigmachen der Ausstellungskandidaten.

„Maske“, wie diese Behandlung genannt wird, liegt es an der talentierten Menschenhand, sollen die eigentlichen Stars den undeutschen Titel „Best of Show“ erringen. „Dressur setzt dem Tier die Krone auf“ ist ein altes, viel verwendetes, zielstrebiges Sprichwort, deshalb sollte damit früh begonnen werden.

Über das Schauvorbereiten der Ausstellungskandidaten ist viel diskutiert, jüngst darüber sogar ein tiefgründiger Leitfaden geschrieben worden. Gut gemeinte Ratschläge finden sehr gern Gehör und dankbar vermittelten Anklang. Dressur, das Gewöhnen, Üben und Wiederholen, sind Synonyme dafür. Diese Prozedur hat das gleiche Ziel wie das Trainieren von Schaunummern mit Tieren – wie Dressurreiten – bei Veranstaltungen. Dabei geht es um das Zurückhalten des Temperaments. Tiere haben eine Fluchtdistanz, in für sie unbekannten Situation wollen sie weglaufen oder wegfliegen.

Dass Tiere mit Ungewohntem vertraut gemacht werden müssen, liegt auf der Hand. Nicht unzutreffend heißt es: Eine Hälfte des Ausstellungserfolgs bringt das Tier selbst mit und die andere ergänzt das nach den AAB (Allgemeinen Ausstellungsbestimmungen) erlaubte Geschick des Ausstellers. Alle Lebewesen verhalten sich gegenüber Umweltveränderungen sehr argwöhnisch. Das gehört zu ihren Schutzfunktionen. Durch Wiederholungen daran gewöhnt, verlieren sie

Zum Schauvorbereiten gehört das Vertrautmachen der Tauben mit dem Transportkorb und der Schaubox.

bald die Scheu. Transportbehälter wirken ähnlich auf sie genauso wie die Ungewissheit bei Begegnungen mit dem Preisrichterstab, wenn er in der Hand einer unbekannten Person naht.

Das Vorbereiten für die Ausstellung

Das anfängliche Miteinander mit den Jungtieren, den späteren Siegertieren, beginnt eigentlich mit den liebevollen, den Eltern zukommenden Streicheleinheiten. Ihr ruhiges, an den Menschen gewöhntes Wesen überträgt sich auf die Nachzucht. Sie wird umso mehr gefördert, umso häufiger direkte Kontakte fortgesetzt werden. Zahme Tauben lassen sich, ohne sich zur Wehr zu setzen, eher schaufertig machen als jene, die nie oder nur selten die ruhigen Hände ihres Pflegers gespürt haben. Demzufolge lassen sie sich auch leichter an das Ausstellungsgeviert gewöhnen. Wenn wir sie vorwärts einspringen lassen – und das tun sie bald freiwillig –, wird dieses Ereignis zur reinen Routinehandlung für sie. Zutraulich geworden gehen sie sowohl mit dem PR-Stab gelenkt als auch mit ruhigem Zureden in die Paradestellung – in Pose.

Tauben sind Gewohnheitstiere, deshalb sollten sie bereits zu Hause in heimischer Umgebung an das kommende Umfeld, an das weiße Arbeitskleid des Preisrichters und an Menschennähe überhaupt gewöhnt werden. Es erweitert die Publikumsvertrautheit, wenn sie hin und wieder von weiteren Familienmitgliedern oder Personen angesprochen werden. Umweltgeräusche wie Musik aus dem Radio und Wortlaute sind Mittel, die sie von der später auf sie einwirkenden Ausstellungsatmosphäre ablenken.

Gesunde Ausstellungstauben benötigen vor Präsentationen eigentlich nie ein Ganzkörperbad. Es sei denn, es sind weiße bzw. verdünntfarbig helle, die man ausnahmsweise waschen muss. Es muss nicht gleich eine Vollwäsche sein. Meistens sind es die Steuerfedern oder bei lackfarbigen Tauben gelegentliche Verunreinigungen, wobei eine Teilwäsche genügt, um das Tier sozusagen auf Hochglanz zu bringen.

Das Federnreinigen erfolgt durch Einweichen mit einer Waschmittellauge, bestehend aus lauwarmem Wasser und einem Feinwaschmittel. Mittels eines rauen Waschlappens, Tuches oder groben Schwamms werden die sich gebildeten Knöllchen in Federwuchsrichtung abgestreift und dann mit klarem Wasser nachgespült. Dass bei einer solchen Aktion Füße und Ringe im Reinigungsprogramm inbegriffen sind, versteht sich von selbst. In einem beheizten Raum werden die Schaukandidaten in einen sauberen Käfig, am besten in einen mit doppeltem Drahtboden, gesetzt. Je nach Durchnässung wird zu entscheiden sein, ob zum Trocknen zusätzlich der Einsatz eines Heizlüfters sinnvoll ist.

Die notwendig Pflege von Schnabel und Zehennägeln wird mit Nagelfeilen und kleinen Seitenschneidern, wie sie von uns Menschen bei Mani- und Pediküre verwendet werden, erledigt. Das Richten von Hauben, Nelken, Locken und Jabots wird nur mit einer kleinen, sich durch Präzisionsschärfe auszeichnenden Hautschere gelingen. Eine einmalige Anschaffung, die sich – auf lange Sicht betrachtet – wirklich lohnt. Andere zu behandelnde Strukturen sind mit normalen Necessaire-Kleinscheren zu korrigieren.

Zu entfernende Federchen werden knapp über der Haut abgeschnitten – weil sie ja schnell nachwachsen würden –, also nicht herausgezupft. Dies ist während der Ausstellungssaison nur selten zu wiederholen, meistens reicht ein einmaliges Abschneiden aus. Abgestoßene Fußfedern hingegen werden sechs Wochen vor einer Präsentation gezogen.

Die Verwendung von Hilfsmitteln zum Schaufertigmachen der Rassegeflügeltiere ist laut der Allgemeinen Ausstellungsbestimmungen gestattet, solange die Vorgehensweise nicht sichtbar wird. Und weil es zum einen Geschick und zum anderen Erfahrung bedarf, eine Ausstellungstaube herauszuputzen, wird nur der Meister seines Faches werden, der seine Lektionen gelernt, wiederholt und lange genug geübt hat – und zwar möglichst an Tieren, die nicht für Ausstellungszwecke vorgesehen sind.

Hereinspaziert: Nach einigen Übungen ist es zur Routine geworden, dass …

… die Taube selbst in den Ausstellungskäfig springt.

Nominierte, bereits schaufertig gemachte Tauben müssen bis zum Paradetermin nicht lange Tage im Dressurkäfig verharren. Zwei, drei Tage vorher sollen sie sich freiwillig baden und selbst das Gefieder ordnen können. Den Abschluss bildet dann die Behandlung der Gehwerkzeuge und des Schnabels samt der Nasenwarzen und Augenränder. Zaghaftes Auftragen von etwas Hautöl oder -creme lässt diese Merkmale gepflegt erscheinen. Ein Zuviel könnte das Gegenteil bewirken, wo nachher am Gefieder unansehnliche Rückstände haften bleiben. Vaseline ist völlig ungeeignet; damit eingerieben, zeichnen sich zwei Tage danach an der

Zehen- und Mittelfußknochenhaut schuppenartige Blättchen ab. Ein neutrales, hingegen rückstandslos wirkendes Mittel ist der saubere, etwa 70%ige, in der Drogerie erhältliche Alkohol.

Zum Einliefern bedienen wir uns des immer noch als Korb bezeichneten Transportbehälters. Das ist keine Luxuskabine, sondern eher eine zweckmäßige Einrichtung für eine Reise in Geborgenheit. Bei ihrer ersten Bekanntschaft mit und in einem solchen Einzelabteil wird jedes Tier auf die unbekannte Umgebung mit Skepsis reagieren. Ist es Neugier oder Unsicherheit, dreht sich die Taube in der schmalen Umgebung in die Gegenrichtung, sodass es uns schaudern lässt, wenn seitlich am Deckel dabei die Flügelspitzen und Steuerfedern zerschlissen sichtbar werden. Alle noch so aufwendigen Schauvorbereitungen wären umsonst gewesen, stünde jetzt eine Ausstellung an.

Es erweist sich also als Vorteil, die Tauben auch an diesen Akt der Vorstellung zu gewöhnen. Wenn sie hin und wieder tagsüber im Korb einige Stunden oder darin eine Nacht verbringen, werden sie ruhiger. Der Argwohn der Tauben vor dieser vorübergehenden Behausung ist dann von ihnen genommen, wenn sie sich, ohne aus der Menschhand befreien zu wollen, einsetzen lassen. Weil moderne Transportkisten komfortabel mit Versorgungsbehältern ausgestattet sind und sie Futter, Trinkwasser und vielleicht sogar einen Leckerbissen vorfinden, werden sie sich bald heimisch fühlen und, ohne einen Schaden zu nehmen, sicher den Zielort erreichen.

Wer verhindert ist und seine Tauben nicht selbst einliefern kann, wird nur solchen Transporteuren die lebende Fracht anvertrauen, von dessen rücksichtsvoller Fahrweise er überzeugt ist. Obwohl Tauben von Natur aus schwindelfrei sind, reagieren sie auf ruckartiges Fahren, plötzliches Bremsen und ähnliche Turbulenzen genauso empfindlich wie alle anderen Lebewesen. Das war ein Grund, sich darüber Gedanken zu machen, ob die eingekorbten Tauben in Fahrtrichtung zu transportieren sind oder ob es egal ist, wie das Frachtgut verstaut wird. Hier scheiden sich wohl die Geister. Wichtig ist es, ihnen bei langen Fahrten frische Luft zukommen zu lassen.

Wenn Aussteller auf das Mitnehmen ihrer Tiere durch andere angewiesen sind, muten sie sich selbst, ihren Tieren und auch dem hilfsbereiten Zuchtfreund einiges zu. Zur Ausstellungsbeschickung gehören B-Bogen, Impf- und Ursprungszeugnis, Ringkarte und alle weiteren, von den Schauausrichtern geforderten Formalitäten.

Mit dem Einsetzen in die vorgesehene Schaubox allein ist es nicht getan. Da muss kontrolliert werden, ob Futter- und Trinkbecher gefüllt und leicht erreichbar sind. Denn diese Möglichkeit ist bei den unterschiedlichen Käfigbauweisen nicht immer gegeben! Wird ihre Anbringung verändert, könnte diese Korrektur den Tauben zuliebe als unfaire, nach AAB strafbare „Kennzeichnung“ ausgelegt werden.

Nach dem Einsetzen sollte doch noch jedes Tier den „letzten Schliff" bekommen. Mit einem sauberen Tuch wird das Federwerk glatt gestrichen. Schnabel, Füße und nicht zu vergessen der Ring werden vielleicht noch einmal gesäubert oder mit Alkohol nachbehandelt. Ein Vertrauen erweckender Zuspruch zum Abschied erhöht die Chancen, in die Preise zu kommen. Dieses Ritual gehört einfach dazu, wie man mit seinen Lieblingen umzugehen hat. Es ist ein kleiner, vertrauensvoller Beitrag, dem Tier und sich selbst Mut zu machen, umso eher wird man eine Enttäuschung überwinden, wenn der Preissegen unerfüllt bleibt – ein Resümee, das Ansporn gibt.

Nach der Ausstellung

Wie oft ein Tier ausgestellt wird, ist für den Aussteller eine Kosten-, für das Tier eine Konditionsfrage. Von den Schauanforderungen darf es nicht strapaziert werden. Je nachdem, wann es letztmalig zum Einsatz gekommen ist, soll es gerade wegen seines guten Abschneidens und mit Preisen dekoriert nachher in die Zucht genommen nicht versagen. Zum Regenerieren sind Ruhepausen nötig. Der Taubenorganismus sollte nicht überfordert werden. Umso vertrauter die Tiere mit den Schauanforderungen sind, desto weniger anstrengend sind für sie solche Auftritte.

Dass Ausstellungstiere nach der Rückkehr zumindest einer optischen Nachbehandlung und einer längerfristigen Beobachtung bedürfen, ist selbstverständlich. Wer Tauben aus dem Transportkorb in den Taubenschlag fliegen lässt, muss sich später nicht wundern, wenn sie schon beim Öffnen des Deckels hinausstürmen wollen. Das wäre aber unvorsichtig.

Von den Schauen zurückgeholte Tauben gehören über Nacht im Dressurkäfig auf sauberen Boden gesetzt. Wenn sie am anderen Morgen normalen Kot abgesetzt haben, dürfen sie in ein Schlagseparee. Dort werden sie wie üblich versorgt und ihnen wird zur Kräftigung ein mit etwas Traubenzucker angereichertes Trinkwasser angeboten. Ein am Vormittag bereitgestelltes Bad nehmen sie liebend gern an. Verweigern sie es, könnte die Gefahr einer eingefangenen Infektion bestehen. Wässriger Kot, Lustlosigkeit und gesträubtes Gefieder würden den Verdacht bestätigen. Atmungsgeräusche lassen auf Erkältungen schließen. In solchen Fällen muss gehandelt werden.

Konditionsstarke Tauben sind prädestiniert, sich in gewissen Abständen mehrmals der Konkurrenz zu stellen. Sie selbst können durchaus zu Routiniers heranreifen. Mittlerweile auf der Schaubühne sicher fühlend, kokettieren und paradieren sie, als hätten sie es gelernt, und zeigen sich von ihrer allerbesten Seite. So überzeugen sie jeden Preisrichter und Beschauer – dank einer guten Vorbereitung.

Verkauf und Versand von lebenden Tauben

Gutes Abschneiden bei Ausstellungen mit hohen Punktezahlen und von Siegestrophäen begleitet, ist für den Züchter einerseits der Beweis für Fleiß und andererseits eine gute Werbung für seine mit sicherer Hand geführte Zucht. Erfolge verleihen Ansehen und reizen unterlegene Mitkonkurrenten, gute Tiere zu erwerben. Davon angeregt steigt bei Wettbewerbern das Kaufinteresse – natürlich an ausgezeichneten, möglichst diplomierten Preistieren. Je höher dabei das eigene Qualitätsniveau ausfällt, desto mehr Leistungsträger werden überflüssig und können auch abgegeben werden. Der Verkaufspreis wird dann von der Nachfrage geregelt, so wie es im Handel auch üblich ist. Die zulasten des Bestellers gehenden Frachtkosten sind nicht unerheblich. Deshalb sind sie vorher zu vereinbaren.

An verlässlichen, in der Fachpresse werbenden Spezial-Speditionen, welche die Tiere am Haus abholen und anderntags ausliefern und denen man vertrauen kann, fehlt es nicht.

Voraussetzung für einen sicheren Tiertransport ist ein stabiler Versandbehälter. Fachspediteure verwenden dazu spezielle Einweg-Kartonagen.

Mittlerweile befassen sich lizenzierte Logistikunternehmen mit der Beförderung von Tauben und Geflügeltieren. Mit ihren Auftritten im Internet sind sie informativ präsent und geben tagesaktuell Hinweise auf mögliche Einschränkungen an verlängerten Wochenenden mit darauf folgenden Feiertagen. Hierbei werden jahreszeitbedingte Temperaturen (Hitze/Kälte) und ob und in welchem Zeitraum mit der Übernacht-Garantie innerhalb von 24 Stunden ein Versand von

Haus zu Haus durchgeführt werden kann berücksichtigt. Die Gewähr einer tierfreundlichen Begleitung unter den Voraussetzungen der deutschen Tierschutztransportverordnung ist damit durchaus gegeben. Zum kundendienstfreundlichen Komfort gehört sogar eine Sendungsverfolgung.

Mit einigem Geschick sind in angemessener Größe der Anzahl der Tiere entsprechende Einzelabteile sehr einfach herzustellen.

Unter den Züchtern ist es üblich, Tiere gegenseitig auszutauschen oder eben auch zu kaufen und zu verkaufen. Erfolgt der Besitzerwechsel auf privatem Wege oder durch irgendwelche Überbringer, sollte man sich daran halten, den Tieren sowohl ein sicheres als auch bequemes Reiseabteil anzubieten, und sie nicht mit mehreren Artgenossen zusammengedrängt in einem Sammeltransport verschicken.

Steht kein dem üblichen Standard entsprechender Transportbehälter zur Verfügung, lässt sich mit einigem Geschick – wie nebenstehendes Bild veranschaulicht – ein solcher Korpus aus stabilem Karton schnell zusammenbasteln. Großzügig mit Luftausschnitten versehen und der Boden mit einer saugfähigen Einstreu bedeckt, bietet er den Insassen insofern einen adäquaten Komfortersatz, um sich den Umständen entsprechend wohlzufühlen. Inwieweit es nötig wird, die Tiere zwischendurch zu tränken und zu füttern, wird der Betreuer zu entscheiden wissen. Versäumt werden darf nicht, ihnen – sofern sich der Transportbehälter im Kofferraum des Kfz befindet – von Zeit zu Zeit frische Luft zuzuführen. Empfohlen wird, die Stellung der Fracht quer zur Fahrtrichtung auszurichten.

Den Versand innerhalb Europas und nach Übersee wird man erfahrenen Tiertransportagenturen überlassen müssen, also solchen, die sich im Luftverkehr mit Ausfuhrbedingungen, internationalen Einfuhr- und Veterinärbestimmungen, Gesundheitsformalitäten sowie Zollvorschriften auskennen.

Bevor die Tauben nun auf den Weg gebracht werden, sollte mit dem Käufer abgesprochen sein, ob er – sofern vorhanden – am Mitsenden von Bewertungskarten interessiert ist. Diese Dokumente, üblicherweise mit den BR-Initialen versehen, festigen das Vertrauen und lassen keine Zweifel aufkommen. Wie die Bezahlung gehandhabt wird, ist Ermessensache der beiden Parteien.

Für den Erwerber von Interesse wird das bis dato gereichte Futter sein und welche Impfungen oder auch Kurmittel das Tier bzw. die Tiere bekommen haben. Auf einem beiliegenden Schreiben sind Hinweise dieser Art sehr hilfreich.

Nach fernmündlicher Ankündigung („Die Tauben sind heute abgeholt worden") ist der Anspruch des Versenders gerechtfertigt, dass er über die Ankunft der Taubensendung und die Bestätigung des Erhalts rasch möglichst informiert wird, verbunden mit Worten des Dankes – eine Geste zur Besiegelung von Züchterfreundschaften.

Kosmopolit Taube – international geschlossene Freundschaften

Reiselustige Menschen erfüllen sich Urlaubswünsche mit Zielen in aller Welt. Nach Wegfall des Eisernen Vorhangs konnte sich endlich der symbolische Siegeszug der Friedenstaube fortsetzen. So ist es jetzt möglich geworden, Regionen zu besuchen, die während des sogenannten Kalten Krieges keinen Einblick gestatteten. Das waren politisch fokussierte Zentren, in die nicht einmal nur an Tauben interessierte, friedfertige Leute einreisen durften. Und gerade das waren und sind die Gebiete, regelrechte Hochburgen, in denen die Taubenzucht seit eh und je betrieben wird. Das machte einen neugierig – und umso mehr nach Wegfall der strengen Grenzen.

Was lag also näher, im Osten jenseits des Urals den asiatischen Großraum aufzusuchen und bis hin in das Reich der Mitte sowie dem Südosten zugewandt auf die Suche nach Tauben und deren Züchtern zu gehen. Beglückende Unternehmen in die Welt der Rassetauben mit Höhepunkten zu erleben, wie sie wohl nirgendwo hätten schöner ausfallen können, waren und sind das Ziel von reiselustigen Rassetaubenzüchtern.

Faszinierende Begegnungen kamen bisher auch in Europa, vor allem auf dem noch immer exotisch anmutenden Balkan und weiter in Osteuropa zustande. Ebenso ist es auf Einladung in Israel zu erlebnisreichen Zusammentreffen mit Züchtern aus der internationalen Rassetaubenszene gekommen, ausgehend von den in deutschen Sondervereinen organisierten Züchtern von dort. Immer mehr erschließen sie im Gegenzug mit Besuchen das Taubenland Deutschland. Die international agierende Zunft der Rassetaubenzüchter kennt weder Grenzen noch hält sie sich zunehmend nicht mehr an politische Vorgaben. Die von den

Ausstellungsleitungen der alljährlich stattfindenden VDT-Schau geführte Gästeliste verzeichnet bei steigender Tendenz Gäste aus allen Herren Länder der Erde – eine sowohl erbauliche als auch im Hinblick auf international eingegangene Beziehungen eine genugtuende Bilanz.

Wie diese Taube hier in der vietnamesischen Hauptstadt Saigon sind alle sehr neugierig.

Die Resultate aus den so völkerverbindenden Begegnungen sind sehr vielfältig angelegt. Da sind es das Kennenlernen unbekannter Taubenrassen und gegenwärtig der Umgang mit den Tauben selbst. Neben anderen Züchtungsmethoden steht die Fütterung im Fokus. Einen Fachhandel, wie er uns seit Generationen zur Seite steht, konnten die Taubenzüchter auf dem Balkan und in Eurasien bis vor eineinhalb Jahrzehnte nie in Anspruch nehmen. Dementsprechend fiel das Nahrungsangebot für die Tauben nicht sonderlich vielseitig aus. Auch was die veterinärmedizinische Versorgung betrifft, waren die Züchter auf Beziehungen im westlichen Ausland angewiesen. Ihre Prophylaxe bestand in der hygienischen Sauberhaltung der Zuchtanlagen und dem Einsatz von aus der Natur bezogenen Heilmitteln.

Die Versorgung beruhte in den betroffenen Regionen auf Grundnahrungsmitteln aus eigener Ernte bzw. durch Bezug von bäuerlichen Einrichtungen. Die Auswahl fällt teilweise – heute noch immer – nicht vielseitiger aus. Weizen und Gerste im Sommer, gebrochener Mais im Winter. Taubenstein wurde und wird aus Lehm- und Sandvermengungen selbst hergestellt. Als Beigaben werden zerkleinerte und dann erhitzte Hühnereierschalen angeboten und bei der Fütterung auf einer festen Unterlage übliches Kochsalz gereicht, bei Durchfall Holzkohle, im Winter angehäufter Schnee!

Diese einseitige Fütterung versetzt uns doch so üppig, mit einer geradezu feudalen Versorgungsstrategie verfahrenden Besucher immer wieder in Erstaunen. Sie verblüfft und gibt auch zu denken.

Wenn man vor Ort den Fortpflanzungs- und Flugwillen dieser Tauben erlebt, wenn man die Nester voller Jungtiere mit prall gefülltem Kropf sieht, erinnert man sich an Zeiten, wie die Taubenzucht einst hierzulande betrieben in gleicher Weise bei allen Rassen florierte.

Nach wie vor auf hohe Reproduktionsergebnisse bedacht, sind es in Anlehnung an westliches Niveau jetzt Entwicklungen, die im Hinblick auf das Ausstellungswesen in diesen Taubenzentren entgegen der sonstigen Gewohnheiten unliebsame Auswirkungen mit sich bringen. Da ist beispielsweise das Beringen der Tauben und auch der Nachweis von Ursprungszeugnissen und Impfungen, die verlangt werden. War bislang die Berufung von Preisrichter-Koryphäen ein geübter Brauch, wird derzeitig eine Preisrichterausbildung in Bewegung gesetzt. Was vor dem früheren Eisernen Vorhang seit eh und je als Bestandteil des traditionellen Kulturgutes gepflegt worden ist, reift jetzt im Zuge der EE-Organisation zur internationalen Norm heran.

Ein Brunnen in der Stadt ist für Tauben ideal geeignet, um den Durst zu löschen.

Fachliteratur: Erfahrung, die man nachlesen kann

Der moderne Rassetaubenzüchter nutzt heutzutage das Internet. Dort werden ihm aktuell aus der Taubenszene die neuesten Nachrichten serviert. Ein Vorteil ist, auf Mitteilungen schnell zu reagieren, mit Gleichgesinnten chatten zu können.

Eine Fachzeitschrift wird er ebenso abonniert haben, das hat Tradition. Wohl dem, der obendrein noch eine Fachbibliothek zur Hand hat. Denn „Wer nichts weiß, muss alles glauben“ ist ein geläufiges Resümee. Und wer will sich schon Unwissenheit attestieren lassen? Schon aus diesem Grunde, aber auch um manche Wissenslücke zu schließen, wird sein Zugriff auf ein gutes Nachschlagewerk unerlässlich sein – umso mehr, wenn bibliophile Raritäten den üblichen Rahmen einer Büchersammlung sprengen. Lesen ist für den Geist so wichtig wie Gymnastik für den Körper – eine treffende Feststellung.

So gehört Fachliteratur zu den wichtigsten Werkzeugen eines jeden Züchters. Fachverbände, Interessengemeinschaften, Sondervereinigungen und andere sind bemüht, unter den Mitgliedern alles Wissenswertes zu verbreiten. In der Qualität mehr oder weniger aufwendig, je nach Möglichkeiten und dem Talent der damit beschäftigten Gremien hergestellt.

Übergeordnet dieser Kommunikationselemente obliegen dem Dachverband der Rassegeflügelorganisation – dem BDRG – die Bearbeitung, Herstellung und der Vertrieb ihrer zur Ausrichtung von Rassegeflügelschauen und Beurteilung der dort ausgestellten Rassetiere benötigten Standardwerke. Für ernsthafte Züchter, zumindest für Funktionsträger der Vereine, sind das unverzichtbare Pflichtlektüre und richtungsweisende Regelwerke.

Weit über ein halbes Jahrhundert hinaus hält das Verlagshaus Oertel+Spörer in Reutlingen an seiner Tradition fest, den Fachbüchermarkt auf dem Gebiete der Kleintier-, speziell Rassetaubenzucht, mit hervorragendem Lesestoff zu bereichern. Wie kein anderes Printmedium bietet es ein spezifisches Sortiment, das fachbezogen kein mit der Rassetaubenzucht in Verbindung stehendes Thema unberührt lässt, teilweise von Autoren bearbeitet, die auf ihrem Wissensgebiet weltweit im Fokus angekommen sind. Einige Titel wurden vom deutschen Fachverband der Rassetaubenzüchter mit einem Literaturpreis ausgezeichnet.

An der sechsbändigen Reihe „Alles über Rassetauben“ entstand 2000 bis 2002 durch Zusammenarbeit von 37 Kennern der Materie ein den zeitlichen Anforderungen entsprechendes Kompendium. Weiterhin stehen eine nicht geringe Anzahl von Rassemonografien sowie spezielle Einzeltitel über Taubenkrankheiten, Futter und Fütterung wie auch über Taubenschläge und Volieren zur Verfügung, allesamt mit reichlich illustriertem Inhalt ausgestattet, sind es wertvolle Wissensvermittler aus diesem Fachverlag. Verlässlicher Lesestoff durch Neubearbeitung stets auf den jüngsten Kenntnisstand gebracht, geben die aktuell gehaltenen Ratgeber für die Zuchtpraxis bewährte Hinweise. Mit animierendem Eifer in der Züchterwerkstatt angewandt, finden sie im individuellen Erfolg endlich den spürbaren Niederschlag. Der Palette dieses umfangreichen Angebotes ein gewichtiges Maß an Aufmerksamkeit geschenkt, kommt jedem daran Interessierten zugute.

Literaturverzeichnis

Autorenkollektiv, federführend Dr. phil. habil. C. Engelmann: **Die Taube.**
Deutscher Landwirtschaftsverlag, Berlin 1973.

Autorenkollektiv, federführend E. Müller: **Alles über Rassetauben.**
Verlag Oertel+Spörer, Reutlingen 2002.

Barth und Engmann: **Das Taubenbuch.**
Deutscher Landwirtschaftsverlag, Berlin 1965.

Darwin, Ch.: **Das Variieren der Thiere und Pflanzen im Zustande der Domestication.**
E. Schweizerbart'sche Verlagshandlung (E. Koch), Stuttgart 1873.

Delius, J. D.: **Spektrum der Wissenschaft, Nr. 4,** Heidelberg 1986.

Engelmann, C.: **Leben und Verhalten unseres Hausgeflügels.**
Verlag Neumann-Neudamm, Melsungen 1984.

Fersen, Lorenz von: **Kognitive Prozesse bei Tauben.**
Centaurus-Verlagsgesellschaft, Pfaffenweiler 1989.

Haag-Wackernagel, D.: **Ethogramm der Taube.**
Verlag Medizinische Biologie, Universität Basel 1991.

Heinroth, Oskar und Käthe: **Zeitschrift für Tierpsychologie, Bd. 6, Heft 2,**
Berlin 1949.

Herzog, K.: **Anatomie und Flugbiologie der Vögel.**
Gustav Fischer Verlag, Jena 1968.

Köhler, Dietmar: **Tauben – Ernährung und Fütterung.** 2. Auflage, Oertel+Spörer, Reutlingen 2017.

Lahaye und Cordiez: **Die belgische Reisetaube.** Arkos Verlag, Hamburg 1954.

Lüthgen, W.: **Taubenkrankheiten.** Verlag Oertel+Spörer, Reutlingen 2006.

Marks, H.: **Unsere Haustauben.** Ziemsen Verlag, Wittenberg Lutherstadt 1973.

Messerschmidt, F., Scheschi, R. und Zöller, T.:
Altdeutsche Mövchen im Wandel der Zeit.
AFKUM – Agentur für Kommunikation und Marketing, Mönchberg 2006.

Rehkämper, G., Frahm, H. D. und Cnotka, J.: **Brain, Behavior and Evolution.**
Düsseldorf 2007.

Reichenbach, Chr. und Müller, E.:
Deutschsprachige Haustaubenliteratur – eine Bibliografie.
Howa Druck & Satz, Nürnberg 2004.

Rösler, G.: **Die Wildtauben der Erde.**
Verlag M. & H. Schaper, Alfeld-Hannover 1996.

Schütte, J., Stach, G. und Wolters, J.:
Das Handbuch der Taubenrassen, die Taubenrassen der Welt.
Verlag Josef Wolters, Bottrop 1994.

Stach, G.: **Taubenschläge und Volieren.** Verlag Oertel+Spörer, Reutlingen 2012.

Vogel, C.: **Tauben.** Deutscher Landwirtschaftsverlag, Berlin 1992.

Zimbardo, P. G.: **Psychologie.** Springer Verlag, Augsburg 1983.

Fachzeitschriften

Geflügelzeitung, Bauernverlag Berlin
Schweizer Tierwelt, Zofingen